风景猎人

建筑师的视野

[日]铃木恂 著 / 郭葳 译

清华大学出版社

北京

北京市版权局著作权合同登记号　图字：01-2019-5771

Japanese title : Fuukei no Karyuudo—Kenchikuka no Shiya by Makoto Suzuki

Copyright © 2006 by Makoto Suzuki

Original Japanese edition published by SHOKOKUSHA Publishing Co., Ltd., Tokyo, Japan

图书在版编目（CIP）数据

风景猎人：建筑师的视野 /（日）铃木恂著；郭葳译 . —北京 : 清华大学出版社 , 2021.1

ISBN 978-7-302-55873-6

Ⅰ . ①风… Ⅱ . ①铃… ②郭… Ⅲ . ①建筑师 – 工作方法 Ⅳ . ① TU-31

中国版本图书馆 CIP 数据核字 (2020) 第 109253 号

责任编辑：孙元元
装帧设计：环宇智汇
责任校对：王荣静
责任印制：杨　艳

出版发行：清华大学出版社
　　　　　网　　址：http://www.tup.com.cn, http://www.wqbook.com
　　　　　地　　址：北京清华大学学研大厦 A 座　　邮　编：100084
　　　　　社总机：010-62770175　　　　　　　　邮　购：010-62786544
　　　　　投稿与读者服务：010-62776969, c-service@tup.tsinghua.edu.cn
　　　　　质量反馈：010-62772015, zhiliang@tup.tsinghua.edu.cn
印装者：三河市春园印刷有限公司
经　销：全国新华书店
开　本：140mm×210mm　　印　张：9.25　　插　页：5　　字　数：166 千字
版　次：2021 年 1 月第 1 版　　印　次：2021 年 1 月第 1 次印刷
定　价：99.00 元

产品编号：080022-01

前　言

　　如果说建筑是风景中的一个元素，那么我作为建筑师每日的所思所感恐怕都应写入这本《风景猎人》。即便是像住宅这样小的空间，建筑师在设计时，也很难把"风景"的意象从脑海中剔除掉。因为"空间"的形象与"风景"是紧紧交缠在一起的。如果按照这个思路，这本文集就必须要涵盖建筑设计的全部过程了。但是，我写这本书的意图并不是要谈建筑论或风景论。它们并非本书所要研究的对象。书中不是要对建筑论、风景论作讲解，而是对这些理论做出一些思考。与其说是"思考"，倒不如说是"对自己的本能直觉进行再发现"的行为。这是对最原始状态的一种思考，是在现场的一种"灵感闪现"，是对观察视角的一种记录，更是最初与风景邂逅时的惊异与感动。换言之，本书所讲述的是与建筑创造直接相连的风景。

　　在我的想法与行动中，本来就潜藏着某些原始的、本能的行为。因此我总是试图对风景进行说明。很久以前，我曾写过一篇题为《风景猎人》的文章。之所以再用这个题目作为本书的书名，是因为我觉得它与全书的内容最为贴切。书中观察的视角都是较为粗线条的。在客观地观察事物、美化事物之前，我都会采取主动靠近它们的方式。无论是对空间、自然还是生活，外部还是内部，近处还是远处，都充满兴趣想要一探究竟。这恰恰是我想要在这本书中着力表现的部分。我由衷地希望把这些行动的始末传达给年轻朋友们，这也是我编写本书的初衷。不管怎样，我最终还是将自己在不同场景中探寻、观察后的成果写成了随笔。但是，要将这些写于不同时间段的文章分类，着实费了一番脑筋，自觉仍有些分类牵强之处，还请各位读者海涵。

建筑师的工作并非只是整日伏于几案，在脑海中酝酿推敲。灵感创意绝不是只靠静默思考就能产生的。有时恰恰需要大胆地走出去"打猎"捕捉。"外出捕猎"的目的，除了可以获得有参考价值的资料，更重要的是，在经过一番身体力行之后，将满载创作的动力而归。我需要从自然与人工所构成的外部世界获取一些灵感，否则很难创作下去。这种习惯一直保持至今。

二〇〇六年一月吉日

目　录

第一章　风景猎人

第二章　实测小论

第三章　街景的连续性

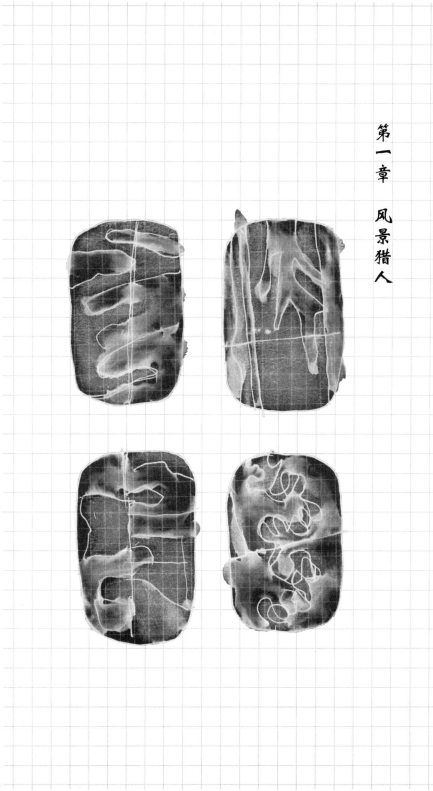

第一章　风景猎人

风景猎人

发掘"卢克索蓝"

时隔多日，我又一次在田野调查中迎来了新年。去年（1986 年）我参与了埃及卢克索尼罗河西岸的古代埃及王宫的发掘调查工作[1]。说是发掘调查，其实并不是整日置身于沙漠，不停地挖掘。由于我们大学是从埃及政府那里获批发掘权[2]的第一个考察队，因此我们的工作重点在于进行基础性、概括性的调查，而尽量不做挖掘之类的体力劳作。

不管会不会做点体力劳动，田野调查的好处就是会让人没来由地感到精神百倍。难能可贵的是，在那些日子里每天的空气都甘甜无比。天空蓝得澄澈透明，使人从心底涌出一种感动。这种身体的敏感变化自然会传递给大脑细胞，影响到人的精神状态。一直混乱、压抑的大脑，一下子腾出了一些空间。也许正是因为产生了这样的富余空间，才使人有了想要"充电"的动力。因此我一直坚信，这就是毫不起眼的田野调查能带给人们的最根本的价值。

---

1. 早稻田大学古代埃及调查队，从 1985 年末至 1986 年 2 月一直在进行玛尔卡塔王宫的发掘调查。详见《第二章　实测小论》中的"埃及写生"。
2. 早稻田大学调查队在卢克索的调查已经持续了十几年。鉴于其取得的成绩，1984 年获得了玛尔卡塔王宫的发掘权。

玛尔卡塔王宫发掘地全景

　　我想起了自己曾有一段时间对设计调查非常痴迷。不管是什么样的调研对象，都让我被好奇心驱使着去接近它。通过实地测量这种身体力行的方式去解决，我从中获得了满足感。那还是在很久以前的年代，我们要完全依靠自己的双手双脚去观察事物。那时的经历让我体验到了一股带着汗味的不可思议的力量，它传遍全身，传递到各个感官。

　　我想到了已故的西泽文隆[1]老师曾经这样说过：

---

1. 西泽文隆（1915—1986），建筑师。在日本建筑师协会会长坂仓准三去世后，西泽文隆接过他的大旗，一直带领着坂仓建筑研究所团队。西泽文隆毕生从事日本建筑和庭院的实地测量工作。他对于实地测量的执着态度对我影响极大。主要作品有大阪青少年野外活动中心、太平洋酒店（Hotel Pacific）、筑波学研都市工业技术院等。主要著作有《西泽文隆小论集 I—IV》《西泽文隆的工作（全三卷）》等。

　　"在田野中实地测量的时候，我们有最好的机会好好观察建筑。与建筑亲身接触的这种充实感，会让人产生一种难以名状的情绪。而这种情绪，会让建筑更加清晰地展现在我们面前。"实际上，田野调查是一种依靠身体进行的绝佳观测方式。它将研究对象置于触觉范围内，并且能使观察者全面地掌握研究对象。这种实地测量的方法如此有效，它的价值应该得到更高的评价。它需要手脚并用来观察大型研究对象，其重要意义会在未来更多地显现出来。

　　尼罗河西岸的主要地貌是沙漠，但是在卢克索周边还有陡峭的阶地，构成了一道极为特别的沙漠风景。这些阶地使众多法老的陵墓得以掩蔽于此。这里就是被称为"帝王谷"的圣境，是一片被无形的神力所支配的广阔区域。与位于尼罗河东岸的卢克索神庙、卡纳克神庙形成了鲜明的对照。古代底比斯人认为，尼罗河流动的方向指向南北。以此为轴，东边是生者所在的方位，而西边则是死者所在的方向。因此，尼罗河西岸的自然是由无形的秩序、人们观念中的轴线和狭长的景观带组成的。生死观念大大左右了古代的建筑结构原理。可以想见，这里的风景在表现当时人的生死观方面，具有极其浓厚的意味。

　　看着眼前的景色，我做田野调查的第一项工作就是把跟前这道风景的示意图画下来。这项工作虽然看上去多少有些偏离调查的中心，但是为了能感知古代底比斯人的宇宙观，我认为首先要完整地画出这块场地的草图，将其置于尼罗河的东西全境之中。不仅要画出神庙与葬祭殿，还要画出许多看不见的秩序架构。我们的调查对象是玛尔卡塔王宫的遗址。考虑到它在风景整体中的位置，我觉得还是首先观察王宫为好。

　　因此，我们草拟出两个研究课题。一个是去想象一下古代底比斯人面对大河与沙漠可能会用到的方法，即对这片风景赋予一种概念性框架的研究。另一个课题是将王宫遗址与周边的自然景观在视觉上关联起来，用这种关联性的视角来观测王宫遗址。后来关于第一个研究课题，调查队给了我一个很大的题目——《玛尔卡塔王宫城市中的图像学方位概念》[1]。我以此为题写成了一篇小论文。而后一个研究课题，总结起来就更为复杂。从王宫眺望外部景色和从周边沙漠来观察王宫建筑的各个部位，这两个角度交错在一起。我们以此为契机，去思考隐藏在整个风景中的观念上的规则性和建筑的关系。我决定把这个问题留在今后，做更加深入的研究。这些方法做起来虽然不如预想中的顺利，但是也没有更好的方法了——尤其在想象这样一座被埋藏在沙漠中的虚幻王宫的时候。这就是我当时的真实想法。

王宫的碎片

被掩埋于沙漠中的玛尔卡塔王宫，经过美国的一些大学和美术馆数十年的考古研究[2]，其遗址的一部分轮廓终于展露于世人面前。出土的部分究竟占了这宏大遗址中的几分之一，我们不得而知。但是遗址轮廓那隐约的起伏线，一直延绵至沙海的彼岸。可以想见，这片孕育了王朝记忆的境域曾经是无比辽阔。

我们每天伫立的沙漠下面埋藏着三千四百年前的住所。在每天的考古作业中，这些碎片被一点点地从

---

1. 1986 年在日本建筑学会大会上，我将关于玛尔卡塔王宫的研究论文的部分内容进行了发表。这一部分内容被收录在本书的第二章 "实测小论" 中。
2. 1910 年以来，主要是美国的大都会艺术博物馆一直在进行发掘调查工作。

沙漠中拾起，逐渐转化成建筑。不知道从哪里开始是沙漠，也不知道哪片区域是房屋。我们将早已混为一体的沙子和土仔细地进行分类，弄清哪些是房屋的碎片，哪些是沙子——这就是我们工作的内容。无论是粘在沙粒上的微小的时间碎片，还是那些意想不到的空间碎片，我们都绝不能放过。

我们在那里还发现了无数彩色壁画的残片。因为它们都有图案和花纹，所以根据分类法，我们先假定了几种基本图案，然后就可以对纹样进行预测了。当然，对每一片壁画片都必须进行严谨的学术研究后才能下结论。但是那些彩色画片究竟是装饰在什么样的房间里的？具体是用来点缀哪个空间的？如果不这样想象，任凭什么样的学术研究都不可能开启那扇历史世界的大门。每当发现一片壁画片，我都会在脑海中描绘着一幅幅图景：这是安放着国王宝座的地板；这是女王房间墙壁的腰线；这是后宫的天井……一番这样的想象让我感到无比兴奋。

众所周知，古埃及文字是一种象形文字。这种文字形意兼备，所以哪怕只是一小片图案，表达的信息量也很大。也就是说，我们在沙漠里捡到的虽说只是一些建筑残片，但是从它上面描绘的图案中，有可能获取代表着建筑记忆或建筑符号的线索。

从这个意义来说，这里的发掘工作可以看作一场追溯建筑起源的探险之旅。只凭借一些模糊的记号和

记忆，就去重构曾经实际存在于此的建筑物。经历了
这个过程，就会更为深切地感受到"发掘"和"构思"
是一对同义词。

　　这些彩色画片经由一系列的想象，与包括那所建
筑在内的整个风景产生了关联。沙漠作为我们想象的
对象不再只是沙漠，而是由一个没有意义、没有生产

出土自王宫遗址的壁画画片

力的场所，突然变得活了起来。脑海中的沙漠变成了一片绿洲。

从王宫遗址里挖出的彩色画片中，蓝色是最为鲜艳的颜色。这种颜色多见于壶罐类的残片之上，是一种被称为"卢克索蓝"的明亮的蓝色。从黄褐色的沙漠中挖掘出的"卢克索蓝"，穿越了 3 400 年的时空，当接触到沙漠之风的一瞬间，它便与清澈透明的卢克索的天空合而为一，仿佛将雄伟壮观的卢克索风景吸入并凝固于画片之上。或者说，画片暗示了建筑的一部分，将门和中庭向周边的自然空间扩展延伸，仿佛把它们还原到风景的彼岸。

住宅的设计构思

去年我刚从埃及回国不久，就在东京举办了名为《住宅的构思》的展览。后又在大阪和札幌举办了两场。来自日本西、北两地的众多观众前来观展，让我不胜感激。我原先还一直担心我那些很个人化的空想般的绘图能否被观众接受，没想到却引起了观众们极大的反响——这让我备受鼓舞。《住宅的构思》展总共包含了约 20 个住宅，每个都配以相应的制图和模型。展览的规模和城市规模成反比。按照东京、大阪、札幌的顺序，布展规模依次增大，作品数量逐渐增多。最后，在札幌的展出中，还加入了版画等形式。

虽然这是个关于住宅的课题，但并不讲具体住宅设计的创意，更不是对实际建筑作品规划流程的说明。而是我在反思以往的住宅案例时，将其中的核心理念组合起来，绘制成了图画的形式。对我来说，在思考住宅时，将脑海中形成的意象画下来并不困难，但是不断追逐着这些意象，将它们从一些模糊不清的东西转变为一个个住宅的原型，这一不断摸索搭建的过程绝非易事，需要花费相当长的时间。

建筑这一领域，并不只包含建筑，还有建筑以外的其他内容。我认为，我们需要经常把意象放逐到更广阔的场景中去，才会产生"构思"。如果让我用语言来解释展出的设计图的话，那恐怕就会变成"长篇大论"了。

我认为，在当下，建筑师们在对住宅的处理上过于商业化，过于依赖便捷的技术。陶醉于表面的浮华，急功近利于形式上的消费。最终导致对建筑的层次感和空间大小产生仇视心理。现代主义这几十年的发展，带给我们的是具有良好质感和让人更为期待的高性能住宅。而当下我们正在失去的是什么呢？我认为失去的是本应赋予住宅的更具威严感的设计。正是在这种想法的驱动下，我才敢于借助展览这种公开的形式去展示我那些私人的设计图。

这样来解释我办展览的初衷，显得我有些喜欢讲大道理。但是当我在卢克索看到那片被唤醒的风景，连宫殿的残片都能与周围的风景合为一体，便为之深

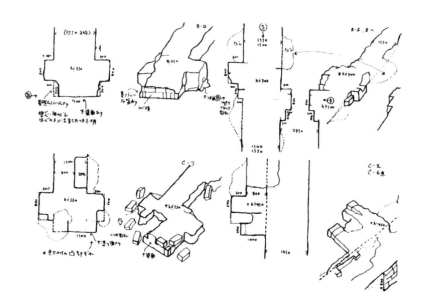

王宫墙壁厚度调查的笔记（摘自田野调查）

深地震撼了——这就是意象的力量。这种力量应当一直保持在住宅之中。住宅作为连接自然和宇宙的实体，有时甚至能代表自然和宇宙本身。鉴于其巨大的作用，我认为尤其需要让"住宅的构思"时刻保持着活力。

意象的共有

在住宅的构思中，若要问是否能将沙漠之类的地方设定为一种意象的话，答案是肯定的。像沙漠这样的自然风景，常常作为住宅的构思出现。就算是没有到过的未知场所，也可以通过把未知场所和已知场景关联起来，形成似曾相识的风景像。即便是现实中不存在的一处虚构场所，也有着用鲜活的场景细节拼贴而成的风景像。因此，把像沙漠这样的环境拿来作为构思的场景也是很普遍的。

这些自然风光所具有的可供虚构的特性，往往会对人的构思产生多方面的刺激。在大自然中，只需要稍稍动用一点意象的力量，就可以很容易在脑海中进行虚构。那些富有弹性且自由自在的意象，诸如对于某个场所的记忆，能够制造出一个构思的磁场。

不光是从沙漠，我也从平原和森林中提取出意象，构思设计了许多住宅。这些意象共同潜藏着关于场所的记忆。但是如果只以这些记忆为中心进行思考，那么构思就会停留在个人层面上。因此在构思时，一定要试图唤起人们脑海中风景的概念。借助风景进行的构思应该要让别人产生共鸣。我在自己的这场"住宅的构思"展览中，想要展示的不是个人化的、幻想式的设计，而是能够唤起公众共鸣的设计。

在展览会期间，我曾前往大阪和札幌会场，与前来观展的宾客们进行交流。在大阪，我以"记忆和建筑"为主题进行了演讲。后来在札幌，又以"风景与建筑"为题做了演讲。演讲的内容就是我对于"从原风景向建筑风景转变"的一点思考。想要传达的核心就是，在进行设计构思时，要将个人化的记忆或者众人的共鸣与风景记忆连接起来。这是我极力想要传达给大家的观点，不知道有没有表达清楚。

　　从我个人的体会来讲，我觉得近来举办建筑展览会成为了一种潮流。其中的一个重要作用可以理解为，通过分享个人化的构思来找到能令大家产生共鸣的风景像。构思的表现形式也不断艺术化了。当下多采用装置艺术和行为艺术的表现形式。可以说，构思表现其本身就已经成为了一种风景化的现象。

《住宅的构思——东京展》海报

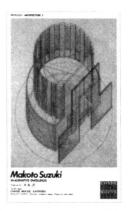

《住宅的构思——札幌展》海报

《住宅的构思——大阪展》海报

风景化的建筑

在卢克索的遗迹发掘工作与在东京、大阪、札幌的展览活动并不是毫不相关的，而是有着一系列的联系。这是我在展会临近结束时，突然领悟到的。当时正好和在校生以及已经毕了业的学生们在那须山的山脚下，开展名为"野生房"[1]的集训活动。此项活动进入了第二个年头，所以当时我们正在思索着准备进行哪些内容。"野生房"的优势在于，直接深入风景之中进行。这样很容易看透风景与建造物之间最原始、最朴素的关联。我期待着通过参与这项活动，能邂逅与考古发掘、展览会完全不同的风景。在卢克索，我领略到了风景本身如同戏剧般的变化。这种体验让我意识到，王宫的发掘工作并不仅仅是挖掘地下的建筑，而是把包裹着建筑的风景也一并"挖"出来。而展览会带给我的触动则是不同场所激发出的住宅设计的构思与灵感，穿越个人化的记忆隧道，通过将全部风景展示出来，引发众人的共鸣，变成大家共同的语言。

所谓风景，就是以人类向自然寻求的形象为基础的，这是人类与自然最本源的关联方式，通常是通过

---

1. 以学生为中心开展的自力建设活动。以在野外环境中持续进行创作活动为目标。

共鸣构建起来的。虽说如此，风景却不会通过共鸣凝结为稳定的价值或者固定的形态。我们应当认识到，风景是不断变化并始终保持生命力的。如果意识不到这一点，那么我们只能画出静止于一点上的风景，又或者根本无法捕捉到风景。的确，人类除了动态地观察风景以外，并无别的方式。

那些"拒绝人类居住"的自然环境反而更吸引人的原因就在于，它需要人类以实际行动去观察它，追逐它。极限的自然或是严酷的风景，在人类对它的积极追寻、靠近之中，一直向人类敞开着大门。沙漠就属于这样严酷的自然环境。又比如游牧民族在那些恶劣的自然环境中，执着地编织出一个个鲜活的建筑设计。什么样的自然环境让人感到兴奋？是那些不断追问人与风景之间关系的环境。它有时让人觉得浪漫，有时让人觉得带有怀旧的乡愁，在这类环境之中，都存在着本源性的追问——无论是肯定的，还是否定的。而我们现在的生活中失去的就是那些让人憧憬的风景。

当今的城市景观中，也存在同样的问题。按照现代主义的观点，要像培养藻类、细菌一样，将建筑从风景中分离出来"单独培养"。从风景整体像中剥离出来的建筑，像机械装置一样具有了独立性，却在一个既没有前景，也没有背景的均质化的空间中，僵直地伫立着，与建筑所在地域的自然风光和当地的历史相脱节。要想使建筑、城市从风景中独立出来，只有当建筑和城市其本身也是风景时才有可能办得到。当下，大部分由孤立的建筑组成的大都市都没有发起"城市风景收复运动"，即通过一切文化渠道，夺回自然环境、自然景观的运动。建筑与风景的要素本来就是交杂在一起的。虽然以自然要素作为基础，但物质、空间、时间以及人类是共存的。原生态的自然与观念世界是重层的，既是包含人类的空间，也包含着一个与人类遥遥相对的空间。而且，风景所具有的宇宙论、神话学的多种面貌，也是由于风景的复杂性、无序性而生成的。这与建筑所具有的风景属性是交叠在一起的。

这些年，许多的建筑师开始用自然、宇宙来解释自己创作的主题了。我认为这一趋势是很值得关注的。我们看到建筑师们进行了一系列大胆的尝试。将光和风这样的自然形象内化于建筑作品中；以建筑所在地特有的神话传说来"照亮"建筑本身，赋予其光彩。以上这种将大自然整体自由地编入设计构思的过程，是否就可以称之为"建筑的风景化"呢？最近有一股亚洲风景的风潮席卷而来，其背景并不单单是对异国文化的兴趣，更是对建筑的宏大风景化的预告。今后，建筑与城市能否和大自然和谐共生，都取决于建筑和城市如何风景化。人类需要从有如盆景般狭窄、有限的视野中走出来，变成"风景猎人"，走向更广阔的风景中去。然后，从宏大的风景中，射出一支支构思的利箭。

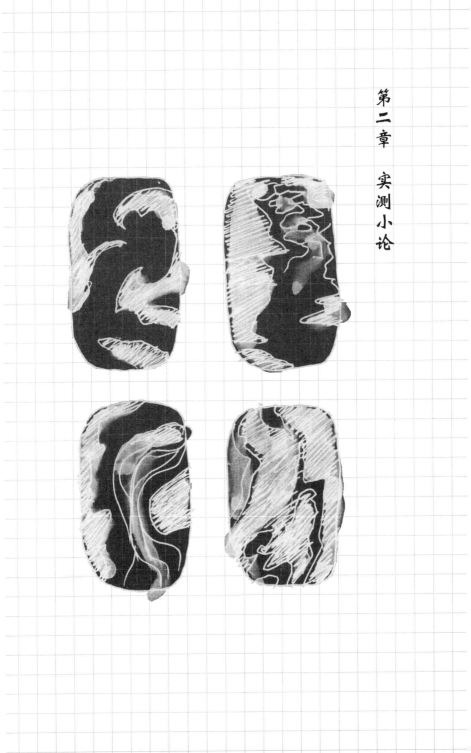

实测小论：测量空间关系

1967 年夏天，我曾到过地中海沿岸一个叫阿尔本加[1]的海滨小城。我原本并未打算踏足此地，却因机缘巧合，在此短暂地歇脚，后又多盘桓了两日。海岸线上全是前来享受海水浴的游人，而远离海边的镇上却闲适宁静。阳光正好，和风微醺。镇子规模不大，花不了几个小时就能逛遍吧——抱着这样的想法，我开启了小镇之旅。

我并没有看遍所有的地方，而是在回廊处驻足了很久。当时的感想是，但凡城市中舒适的空间里，一定都隐藏着回廊，尽管回廊的形式不一而足。带有回廊的这部分空间，在整个城市的空间展示中发挥着奇妙的作用。这部分隐藏的空间说不清是城市还是建筑物。它是一处介于城市与建筑物之间的地带。尤为重要的是，其中沉淀着随时间推移而不断变化的生活空间。无论对于城市还是建筑物来说，它都是一个仿佛能诉说重要话语的载体，因此我才想特别提及一番。

简单来说，回廊就是供行人专用的带有顶棚的通道。它蜿蜒环绕于广场四周或沿马路而建。对于这种看似毫不起眼的公共空间，我当时决定换一种角度

---

1. 阿尔本加（Albenga），位于意大利西北部，面向地中海里维埃拉沿岸的城市。在老城区中心，不仅有罗马时代的遗迹，还有罗曼式和哥特式建筑。人口 2 200 人。

去观察，比如将回廊看作"有意识地"把各户住家和商铺串联起来的空间；或是把它视为一处很有个性的空间——它是通过将建筑物的足部一户一户削去而形成的。回廊能很好地展现当地人生活的气息和剖面，包裹着当地人生活的独特魅力。那绵延的空间，将街区[1]也染成了与回廊相同的条纹花样。

　　人们在回廊中一步一步行走所感受到的，是与外部截然不同的。它好像来自建筑本身具有的个性，来自于带有人间烟火气的内部。如果说回廊是连接城市外部与内部的中间地带，是一个起到连通器功能的带状空间，好像还不足以说尽回廊的功能，这也恰恰表明了回廊的独有魅力。正因为如此，回廊成为了能够一下子看透城市外壳和生活内在的特殊空间，这种空间设计在阿尔本加展现得淋漓尽致。

　　让我有类似感触的另一种环境空间就是西欧的火车站。火车站属于外部空间，好比一个城市的门面。

----

1. "街"与"町"（这两个字在日语中是同音字，都读作 machi，汉字表记不同）：很显然在抽象指代整个小城的时候，或使用"港町""田舍町"等惯用表达的时候，用"町"字作表记。除上述情况以外，本书中一律使用"街"字表记。原因在于，本书所记述的对象是人口稠密的聚居区、住宅和商店密集的区域。再说得极端些，无论是大都市还是小城市都有"街"。有时根据使用需要，也表达为"街と村"，但基本上村落中都有"街"。就是这种"街"，占据了我的视野。但是我在使用时尽量回避"市、镇、村"这类能体现规模差别的字眼。顺便一提，出于上述的意图，我在论述街道的观察视角时，选择使用"街並"一词，而不是"町並"，或"街並み"。

它将城市中最活泼的场景完全包裹于由大玻璃窗支撑起的巨大架构之中。火车站总是带给我非常震撼而又浓厚充足的城市体验。我们平时从概念上区分的"内外"，在这一刻却重合于同一处场所。火车站就像是一个有屋顶的大广场。城市进入到建筑物的内部，同时建筑是城市的内部装饰物，空间内部形成了许多内与外合并的场所。这种加乘效果，更加突显了日常生活的"涓涓流动"和勃勃生机。

就在前不久，我依次走访了伦敦的几个火车站[1]。因为都是些大型枢纽车站，所以观察得更为清晰。那些到达终点站的列车速度被切换成各种生活的速度，我能够深切体会到这种变化的动态感。速度的切换被包裹在车站这样简单的形态之中。从而使人员的流动更加戏剧化地渗透到城市之中。如果只把它形容成"速度的切换"，恐怕还不足以表达清楚。因为其中还孕育着更为壮阔的日常生活场景的发端和终结。在这个类似于套盒一样的城市空间中，满载着出发和归来的节日气氛。它包含着各种各样的影像，简直是鲜活的城市缩影。这个单纯的架构中，装满了多层次的细腻生活的光影。这样想来，车站和回廊的作用可以说是如出一辙。

---

1. 这几处伦敦枢纽车站包括圣潘克拉斯火车站、国王十字车站、帕丁顿火车站等。

在思考抽象事物时，局部环境、事件和空间三者的关联性，很容易被忽略。系统性、整体性不明确的东西更容易被我们敬而远之。因为我们习惯于去观察那些有条理、有规则的东西。无论是欧洲国家，还是亚洲国家，按照近代的标准，都在不断追求条理清晰明快的结构，这就更导致大型建筑结构中光影部分的设计被省略了。

如果用这样的视角去观察欧洲那些老牌发达国家，就会觉得他们的城市体系老化得不行了。的确，以近代理论审视欧洲的城市构造，或许确实能找到很多混乱之处。而且，不同于后起的亚洲各城市，我们也看不到欧洲国家的这些老城硬要去改变城市面貌的意思。我认为，正是由于时下这种欧洲观的存在，致使从理论上否定了欧洲古老的城市构造，进而连同其城市的局部环境以及空间光影的力量也一同忽视掉了。我们现在必须要反思的是，如何去观察这样的历史对象。无论是回廊还是车站，它们既是局部环境，同时也是混合了复杂要素的光影空间。在它们的光影里，潜藏着充满朝气的"城市风景"。因此，我们在观察欧洲各城市时，需要把视线由表层转向内部，这样不断深入地去观察。

我所走访的阿尔本加的中心城区[1]，也是一个具有整体和部分关系的街区。在这块土地上，住房都是

1. 阿尔本加的中心城区是一个面积为 300 米 × 400 米左右的区域。

紧紧相连的，甚至很难区分出一户一户人家到底从哪儿开始，到哪儿终止。街区整体比较容易辨认，因为它包裹于长方形的城墙之中。然而一旦进入其中，就会发现各个建筑物的一层、二层、三层都建成了同一个平面。可楼层与楼层彼此之间毫无关联。街道也与住房毫无关系，各条道路有着自己喜好的方向和宽度，它们迂回曲折地穿过建筑物。在这里，把街道和街道串联起来的是许许多多的隧道[1]，它们就像是克莱因瓶那样，通过扭曲反转，把整个街区变成一个整体。但是完全不会让人感觉到杂乱无章。在这里，道路、广场、住宅元素都不是条理清晰的类型。因此，在整体和部分、光与影里，是找不到纯粹的分界点的。但这才正

阿尔本加的街道

---

1. 两侧建筑的夹缝之间建起的一道道连续的拱形的梁，看起来像是隧道。

是这个街区作为阿尔本加局部环境的真正特色。

　　一般来讲，在南欧土地上的这部分空间，无论是回廊、隧道、巷子还是小广场，我觉得都不能被单独分割出来，它们是有着强烈的统一关系的整体。得益于整体和部分的协调关系，整个街区的风景显示出了无穷的个性。

　　以阿尔本加或是以米科诺斯或圣托里尼[1]的一户住宅为例，一户住宅，有时可以表示一个区划，或是一个村落，甚至是整个街区。究竟消除了多少要素、多少部分，甚至是消去了整体和部分的界限——如果不仔细观察是看不出来的。在那些不知名的村落里，有很多这样的例子。我们通常很难看到一个把各个部分、要素结合起来的强有力的结构。但是以要素来充当部分的例子有很多。比如阿尔本加的隧道、圣托里尼的白墙壁，在这些事例中，部分与要素是不可分割的。诸如隧道、白墙这样的连接器本身，既是部分又是整体。认识整体和部分的这种全新的关系，是很有必要的。也就是说，包含着不具条理性的生活空间也好，隐藏了系统的模糊区域也罢，我们去关注它们的目的，都是为了探寻整体与部分的这种全新的关联性。

　　对于我这个旅行者来说，在阿尔本加的经历是非常宝贵的。面对初见时让我们感到惊讶或喜悦的对象，

---

1. 米科诺斯（Mykonos）、圣托里尼（Santorini）都是爱琴海上的小岛。

我们倾向于将它分成两类，一类是自己喜好的对象，另一类是需要进行分析的对象。那种第一眼见就喜欢的"部分"自不必说，而那种需要通过反复讲道理才能理解的部分，必然会让人对它从心理上有所疏远。再者，容易理解的部分可以收集起很多数据，而那些不好理解的部分，却让人连收集数据的心情都没有。诚然，我们要弄清的是整体与部分这两方的关系。再进一步说，首要的是如何去接触那些不好理解的部分。

在解决这一问题方面，旅行可以说是一种很方便的手段。因为那些让我们感到或惊或喜的对象，全都近在咫尺，可以当场研究。在对研究对象产生一个系统性的认识之前，即便对象不好理解，我们也能当场接近它，先从远处整体观察，再近距离观察它的部分。之所以贴近观察比离远观察更有效，是因为我们可以通过触觉，将研究对象（物质或空间）全部纳入个人的内在体验之中。

当亲临研究对象所在的地方，与它面对面时，可以更好地动用包括视觉、听觉在内的各种感官的力量。因此，认识局部环境的第一步，就是要身临其境，与研究对象面对面——这是一种最为自然的接触方式了。但是这种体验是很个人化的，只有动用个人的全部感官才能看清。因此具有一定的局限性。比如，某个空间的上下、左右、高低的测定都是以"我"的感觉为依据的。一个空间是平衡还是倾斜，也是以我个人的感觉为基准去测量的。这种观察或测量的行为，即使存在一定的局限性，但是接下来的一切都是从这一步开始的，所以这也是开始进行实测的先决条件。

我通过移动来测量远近，感受光和风的方向。我可以远离人潮，或是走入人群。漫步、休憩、说话……我的行为中不存在受限的范围。同样的道理，我作为一个感受体，去感应时也不存在预先受限制的领域。相互影响的部分相互影响，发生反应的空间相互反应，不会显示出受限定的环境的部分。这种自由，对于实测来说是非常重要的。我们常倾向于去寻求某个范围或轮廓。但这是用来计划一件事情的方法，却要用在观察事物上。殊不知，开始观察的矢量本来就是反向的。认清这一事实之后，再去研究难以理解的局部环境时，我们必须要反复积累经验和进行实际测量。

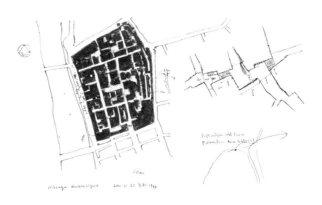

摘自阿尔本加实测笔记

把上述的所有经验总结在一起，就是我要说的"实测"。所谓实测，既是与环境空间有关却又不受任何局限的领域内的全部体验，又是整个过程。也可以说，实测是对更具体事物进行体验后的记录，或是这些体验的积累。特别是指将重点放在局部环境上，观察生活空间的细节，从局部环境出发，探寻空间形成的关联性时的一种体验记录。

这种实测行为，可以理解为行为科学的一种方法，而并非只指单纯的测量[1]（物理学上的测定）。如上所述，同时符合全体和部分两者的尺度，或者反过来为难以测量的部分进行的测量尺度关系[2]行为的总和。很多时候，那些难以测量的部分恰恰是我们想观察的，

摘自阿尔本加实测笔记

1. Measuring，计量、测定、丈量等。这里是指正确测量的行为。
2. Scaling，比例、比较、尺度等。这里是指观察空间关系的行为。

也正是我们想要去测量的内容。所以说观察局部环境，是基于这种观察空间关系性的"实测"。

实测就是由这种行为的各个结构所支撑、通过自由选择其对象区域来实现的。我在米科诺斯时，在选择好的实测对象区域中，找到了自己想要寻找的主题。这样的区域可以被称作"原领域"，我能感受到它是一个完整的范围，空间性很强。虽然它的中心或边界不是很清晰，但我却决定将它作为实测的磁场区域来研究。

实测就是一个不断感受被这个磁场吸引的过程。在隐匿属性很高的场所，这块磁场绝不会是一个单纯的形态。焦点不会集中在一个地标上，或是一处象征物上。磁场立体地渗透到细节之中，而非平面地扩展开来。有时磁场会像变形虫那样不定型地蠕动，难以琢磨。但是只要研究方法正确，实测的结果一定会有许多意想不到的发现。总之，隐匿属性越强，实测的过程就会越充实。

对隐匿性强的对象进行实测是从解开研究对象领域的多重空间构造和不确定性开始的。大多数情况下，按照从"原领域"到局部环境，再到与整体的相互关联性的顺序进行测量。正是因为它解决起来难度高，需要经过分类才能知晓它的复杂性、不明确性、偶发性等特性，而进行实测要做好的心理准备就是承认并接受这些特性。有生命的东西就要在保持它鲜活的状

阿尔本加的街道

态下去测量，这也是我们进行实测这种行为科学[1]应有的态度，我认为这里面也有生态学的观点。

住房和村落（选自欧洲写生）

简单来说，当想要更了解研究对象时，从人们思考如何深入研究对象起，实质上就开始了"实测"这一行为。遇到一个研究对象，只通过简单观察，仍不

---

1. 在此将行为科学的基本观点注明如下：
   a. 以个人经验为基础，进行的实测必须以一定的形式、多样的方法进行记录。也有必要采用与其他实测共通的方法。b. 实测不是测量，但是想进行测量时，既要用步数来量，也要毫不犹豫地使用地图进行最小限度的修正。c. 通过实测获得的记忆和记录，是无法直接用于设计方案之中的。但是在实测记录基础上的扩充却可以成为一个新设计方案的开端。d. 对于今后应用在集体住宅中的环境设计和城市设计中的人类学研究，实测会起到很大作用。

足以弄清楚时，就会思考着如何把研究对象更拉近自己。实测的行为基础就是，不只满足于观察，而是想要更深入了解的欲望和激情。虽说如此，由于经常要深入一些性质完全不同的场所，这就需要我们对研究对象有相当程度的知识储备。当然也要认识到，仅凭一些基本知识，是远不能把握整个研究对象的。实测行为的原点是观察，而为了更好地观察，我们需要交替使用笔记、写生、照片和记录等手段，并且持续保有一双善于观察的眼睛。如果想要研究诸如村落、街区的结构或空间的构造这样的大课题时，就应该以一种更为谦虚谨慎的态度，小心翼翼地从接触研究对象开始，逐步深入其中。

从 1967 年到 1974 年，我多次到访过欧洲。早期是去到北欧、德国、阿尔卑斯地区，主要是对木结构民居进行调研。早期的成果主要是与二川幸夫、诺伯格·舒尔茨二人合著的《木结构民居·欧洲》（A.D.A.EDITA），这本著作不仅在日本，也在美国和瑞士出版过。后期主要对地中海沿岸各国，如希腊、南意大利、西班牙、摩洛哥、突尼斯等国的村落和城市做了比较研究，这一时期的部分研究成果集中收录于"村落和城市系列"（A. D. A. EDITA）的几本书中。在这一时期，我围绕着欧洲的边缘悠闲行走了一番，对于欧洲文明的多重性有了更深的理解。此处插入几张当时的实测写生图。

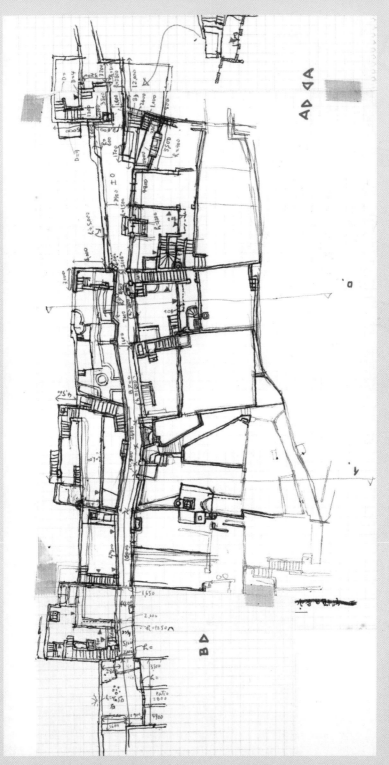

摘自圣托里尼岛实测笔记

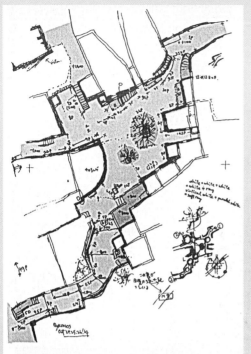

摘自米克诺斯岛实测笔记

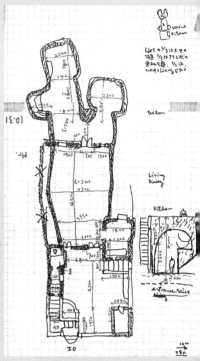

摘自圣托里尼岛的住宅实测笔记

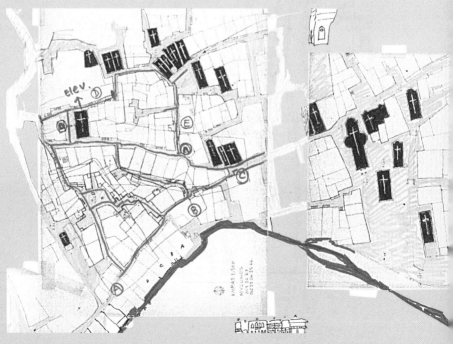

摘自米克诺斯岛实测笔记

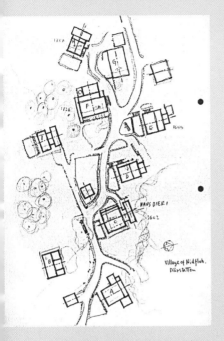

瑞士 Därstetten 的 Nidfluh 村写生

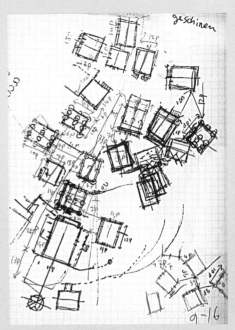

瑞士 Valais 的 Geschinen 村写生

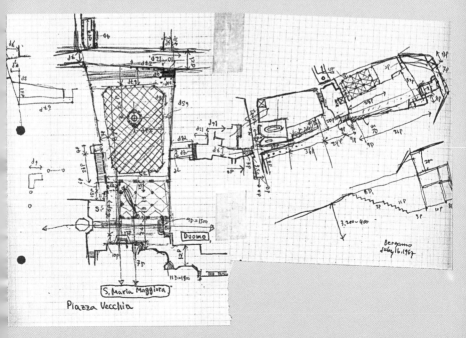

意大利贝加莫的维基亚广场写生

摘自塔斯科的街道实测笔记

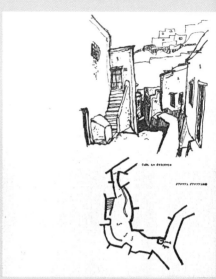

摘自瓜纳华托的街道实测笔记

摘自瓜纳华托的街道实测笔记

摘自瓜纳华托的街道实测笔记

村落与遗址（选自《墨西哥写生》）

　　早稻田大学曾于 1960 年到 1961 年派出过一支调查队，调查以墨西哥为主的中美洲诸国的遗址。目的是考察玛雅文明的遗迹，做一些资料收集和基础调查工作。调查队由考古、艺术、民间工艺、建筑等不同领域的六名队员组成。其中只有我和另一名考古专业的队员是学生。队长是关根吉郎老师。当时从洛杉矶派给我们两辆考古车，我们在车上支起帐篷，从北美大陆一路南下。我们在达成了主要目标——探寻玛雅遗迹之后，选取了纵贯中美洲六国的行走路线。主要调查了墨西哥高原的玛雅古城帕伦克、尤卡坦半岛的萨耶尔、卡巴、乌斯马尔、奇琴伊察，以及位于南部玛雅圈的危地马拉、洪都拉斯的科潘、归里甘等地。结果发现无论是哪个遗址，都早已有学术机构抢先一步在进行发掘、修复、调查等工作了。实在没有我们这些新来的人再下脚的空间了。但是能在太平洋和大西洋的众多国家之间完整地走上一圈，大大增加了我的风景体验，对我来说收获巨大。转年，我又和摄影家二川幸夫先生再度到访了墨西哥，接着又向东环游了地球一周。这两次的墨西哥长期旅行让我写成了很多形式的报告文。其中写成两本和建筑有关的书，分别是《墨西哥写生》（丸善，1982 年）和《墨西哥现代建筑》（*PROCESS:Architecture*，1983 年）。此处附上墨西哥写生一书中《远近的视角》章节中截取的一段和几张实测写生图。另外从遗址探访中选取了一篇论文，是关于玛雅文明中的异端——"科潘"的论文。

远近视角

　　远眺城市和村落，稍事休息。城市和村落的形态，时而是向着平原水平伸展的剪影，时而是从山巅远眺的俯瞰图。我的脑海中一下子浮现出走访小城时看到的城区样貌和城中心那明快的构成。这时候的远景眺望，最能让人体会到想象小城和城镇内部的乐趣。大多数情况下，远眺的重点是交会的尖塔和穹顶，以此为基点，再确定广场、市场的方向就不那么困难了，然后去想象城市中心时，脑海中就能模糊浮现出一幅场景：街道上的一排排房屋以及繁华街道的气氛扑面而来。在观察市中心的区划时，能发现些许模式化的特点。广场、教会、市政厅、法院等，每个公共建筑各占一个区划。而在剩余的区划上，一般是过去的领主、矿山主的宅邸或者是商场和市场。

　　这样一来，远眺这座小城时所想象的城市景象和实际进入城里看到的景色，究竟有多少相似之处，又有哪些不同之处，都可以进行一番比较。这更增添了城市观察的乐趣。像迷宫一样的街道激发着人们的猎奇心，它牵引着人们的行动，让人期待着继续探寻前方的事物。观察的视角由远及近，实现远近的逆转。但无论你选取哪种视角，最终都会被这座小城吸引。

在观察城市的远景时，你会发现有些引人注目的建筑位于中心城区以外的地方。比如，位于城市尽头的斗牛场就是一例。通常小村庄的斗牛场，只有为数不多的一些看台。而在人口达到一万人规模的城市，就能看到大型的斗牛场——大到足以容纳全城的人，甚至还有富余量。为了便于观看人与动物的决斗，设置了擂钵形、大坡度的观众席。包裹着斗牛场的外围墙壁高耸直立，因此成为了众多景色中非常显眼的一处。斗牛场也成为小城的一大特色。

眺望着斗牛场的高大外墙，我联想到玛雅神殿中被称作"搏斗球赛"的古球场。大一些的，差不多的是几个网球场大小，两侧平行而立的石壁又高又长。如果是规模更大的斗牛场的话，长边的两端是坡度很大的观众席的墙壁。这种巨大的墙壁昭示着这里古时曾是城中的祭祀中心。虽然不能说斗牛场就是现代的搏斗球赛场，可是它们之间具有许多相通之处是毫无疑问的。对于城里的人们来说，这里是一个神圣的广场，是通过墙壁来展现欢乐的地标性建筑。

墨西哥的城市特点是将所有的一切都展现在视野之中。各个城市的样式都大同小异，可以让人预测出每个城市都有着相似的细节。城市中看起来没有隐藏

瓜纳华托的远景

的部分或优雅的街道。

　　反复出现的是墙壁包围的形式，让人感到厌烦。也由于墙壁的包围，产生出一些阴暗的部分。

　　城区被划分成一个个格子的形状，被亲切地称呼为 manzana[1]。它在生活中是非常重要的单位。在城市的规模上多少有些差别，这种格子的边长是 80 米左右。假设一条边并排建十几户人家，那么一个区划大概容纳了五十户到六十户。当然，城市的区划中央有一些没有利用起来的"剩余地"，后来被重新分配利用的情况也不在少数，但是丝毫没有影响城市景观的规律性。

　　在平坦地带，城市的各个角落都被规划成棋盘格形状。即使在起伏的丘陵地带，也完全贯彻棋盘格子式的规划方式。只有碰到那些不能直线前进的斜坡时，

---

1. manzana，意思是"被划分成棋盘格状的城市区划"。它既指一个街区，也指区划的面积单位。在南美，一个 manzana 是一万平方米。在中美，是七千平方米。国与国之间，略有不同。另外，manzana 一词在西班牙语中是苹果的意思。

才会看到顺着地形做出的调整。比如以引水桥闻名的克雷塔罗；以彩陶之都著称、众多建筑外墙镶嵌瓷砖的普埃布拉；拥有阿尔万山遗址的古城瓦哈卡；地处盆地之中的静谧的圣米格尔德－阿连德等，都是采用格子式规划方式的比较大的城市[1]。

　　当然，也有的城市不是按照格子式进行规划的。比如，位于山区的塔斯科和瓜纳华托就是典型的例子。这两个城市在古代是著名的银矿产地。直到17世纪，还都是极为繁荣之地。地形特点皆是以陡坡和狭窄的山谷为主，因此城市规划充分利用了这些地形的自然姿态。城区中，细小的分岔路上下起伏，如迷宫一般。在这样的城市中还包含着许多在别的城市看不到的立体景观。随着逐渐进入城市中心，与之前那些棋盘格状城市具有相同性质的格子空间就展现在眼前。这恐怕与正面是教堂以及广场的方形建制有关系。由于墙壁都沿着每个区划的边缘层层排布，所以这种格子式的框架使得整个城市看上去就像是用"铁箍"箍住似的。这使得城市的远景变得更为凝固，更为分明。可以远眺整个城市的地方，就像是一个玩"意象游戏"的场所，同时也是一个能与这座城市进行对话的场所。

---

1. 能够代表墨西哥各地风景的中小城市。Querétaro、Puebla、Oaxaca、San Miguel de Allende、Taxco、Guanajuato、Veracruz、Campeche，在《墨西哥写生》一书中收录了这些街区的远近景写生。

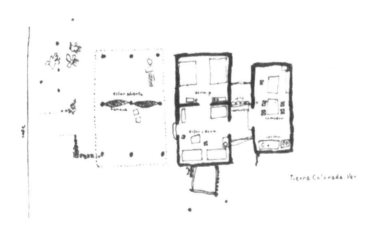

科罗拉达（韦拉克鲁斯）的房屋

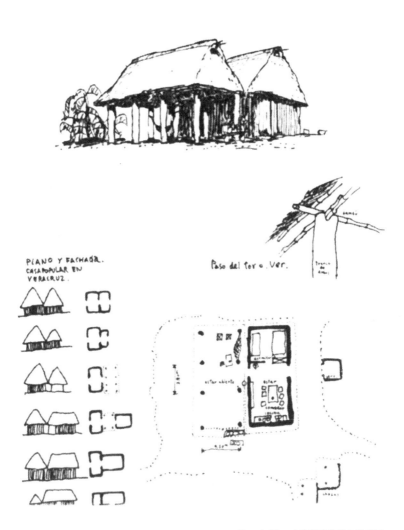

PasodelToro（韦拉克鲁斯）的房屋

　　我们下面来谈谈"城市的纹理"问题。例如，各家房屋的造型没什么差异，平面布局也基本相同，屋顶的形状也是统一的；又或者白色外墙的房子和彩色外墙的房子混合在一起，各家房屋的素材不尽相同，等等，这些都是包含了城市表层的细节语言。所谓"观察城市"，就是要去观察浮现于整个城市的表层部分或细节之处相互交织后呈现出的城市的独特纹理。其中既包括了行走于城市之中便可感知的部分，也包括了诸如院落的光影、室内的暗处等这类只能通过亲身接触才能感受到的细节部分。同时，还包含了那些需要在一定程度上变换视角，拉远距离，方可感知到的纹理。如果不能将"远近"这两种视角统一起来，就无法从纹理的角度去理解整个城市。更重要的是，人总是倾向于靠触觉之类的感觉来观察对象。而观察对象越是当地所固有的东西，混织于其中的细节要素就越会在时间的积淀中形成微妙

坎佩切近郊的村庄

的纹理。这种纹理已经形成了一定的厚度层，覆盖于城市和村落的景致之上。

这样想来，如果要从形状、空间中去理解城市，并且想要观察生活的场所时，就要在这个空间中移动视线、丈量深度。以一种"复眼式"的观察法和兼顾远近变化的视角去观察。我觉得，由于或远或近的不同视角，即便导致了理解上的差异，这种差异本身也是很有价值的。我们常有这样的体会：那些近距离观察让人惊叹不已的对象，拉远距离看却显得平淡无奇；而在远景中看起来很独特的形态，随着不断拉成近景，反而变得很不起眼。这种不一致恰恰说明了变换远近视角的重要性。

神面圣所：玛雅遗址科潘

就连硕大坚固的探险车，都无法渡过科潘河。离开了距离危地马拉首都——危地马拉城 600 公里的边境部落 Jocotan-Camotan，我们在科潘河面前被拦住了去路。科潘河的水量大大超出了我们的预想。水深达 80 厘米，河宽足有 60 米，而且河底水流湍急。从距此处 15 公里的洪都拉斯边境穿过去，再行进约 15 公里，就是我们要抵达的目的地科潘了。但是靠我们的车却无能为力了。第二天清晨，我们很偶然地遇到

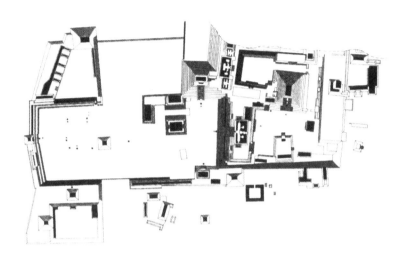

科潘遗址平面图〔摘自 *The Art of Maya*〕

了美国调查队的吉普，于是搭上他们的顺风车，终于
来到了科潘。抵达科潘遗址[1]时，马上就是日照最为
强烈的中午时分了。如不赶快着手考察工作，怕是没
有时间了。

科潘是玛雅文明古典时期（约250—900）的一
大据点。玛雅文明的古代时期主要在危地马拉的北部，
扩展至尤卡坦半岛根部（玛雅高原地区）的森林地带。
以蒂卡尔为中心，从公元2世纪左右开始，逐渐繁荣
起来。古典时期是玛雅文明的极盛时期，这一时期诞

---

1. 科潘遗址〔Site of Copan〕，位于中美洲洪都拉斯东端，属于玛雅古典
   时期的后期遗迹。和危地马拉的 Quirigua〔基里瓜〕，同属于玛雅文明
   东南部地域的中心城市。

生了城市国家的文明。玛雅古典时期，最大的城邦是蒂卡尔。它的规模很大，周围拥有众多卫星城，已经不再是分散式的原始居住方式，而是形成了具有集团居住地的高度发达的城市国家。以蒂卡尔为中心，玛雅古典时期的各个城邦是朝着三个方向分布发展的。其中一个方向是到达墨西哥东北部恰帕斯州的乌苏马辛塔河流域的诸城邦。包括帕伦克、皮德拉斯、内格拉斯、亚克斯切兰、波南帕克。另一个方向是向着尤卡坦平原（玛雅低地地区）一路延伸，后接受托尔特克民族的影响，构筑起了后古典时期的玛雅文明。还剩下一路是在东南地区，包括基里瓜、科潘在内的十几个地方，即分布在现在的危地马拉、洪都拉斯的玛雅遗址群。

总的来说，分布于这三个方向的各城邦，都算作古典期的玛雅文明。各城邦的文化色彩极不相同，都有着自己独特的内涵。特别是以蒂卡尔为圆弧中央，位于圆弧两端的乌苏马辛塔河流域的诸城邦和基里瓜、科潘这两个城邦。它们早期就构筑起了产生优秀的独特文化的母体，好比是能与居于中心的蒂卡尔争辉的一对翅膀：分别在艺术方面和科学方面，被并称为玛雅文明的"双璧"。

这些玛雅城邦各自独特的发展和微妙的连带关系，产生于玛雅城邦国家的特殊构造。从独立城邦的平衡这个角度来说，可以说与位于中央墨西哥高原不断重复着大迁移和大战的托尔特克、奇奇梅克、阿兹特克等国形成了鲜明的对照。在它们之中，科潘显得尤为特殊。它被称作科学之城、学术之城、天文学之城。卡耐基等财团经过研究，不仅找到了证实这些名称的证据，还证明了科潘同时也是祝祷和平之城和艺术之城。

在科潘，每二十年就会建一座纪念碑。所有的神殿均是为了纪念在天文学上的新发现而建。这里很早以前就创制了最准确的太阳历，几乎是准确无误地推算出了日食的时间，恰当地制定了农耕的时间，将很多象形文字（圣书字[1]）镂刻于城市建筑物之上。此外，为了观测太阳，每隔七公里就立起两块巨石，试图去支配自然空间。正是由于这种特性，使得科潘在架构、造型上具有明显有别于其他地方的城市形态和神殿空间。比如建在平坦地形上的蒂卡尔和建在多起伏地形上的乌苏马辛塔等，都具有典型的玛雅城邦的容貌。它们的共同特征是"对垂直结构有着无比强烈的憧憬"。那些顶端带有神殿的金字塔就象征着玛雅人的世界观。众多的金字塔组成了无比雄壮威严的建筑群。但是科潘却偏离了

---

1. 玛雅文字严格来说不是象形文字，文字中包含了人面和身体的形态（"头字体""全身体"）。在这里因用于宗教和仪式的场所中，所以被称作碑文和圣书字。

"典型特征"，显得与众不同。科潘的建筑群是由很多向平面扩展的小金字塔复合而成的。这些小金字塔形成了许多略微高起的露台层。与其说它的整体造型有生气，不如说它是一种向内的造型，而且表现了细节部分，这种建筑既体现出了其背后的独特宇宙观，也可以看出当时的人们在追求细节的致密性上所倾注的力量。

　　在科潘，用于宗教仪式的建筑物大体分为两类：一类是低层的金字塔神殿复合体；另一类是被这种神殿复合体所包围的，突出了庭院的长方形广场。通常玛雅城邦中的宗教中心都是由金字塔神殿、神官僧侣或王的宫殿、石碑、祭祀的广场这四种主要建筑所组成。根据城市的不同性格，这些重要的建筑物不断地复杂化、庞大化，形成了城市核心。但是科潘的广场、基里瓜的土石砌成的平台（terrace），都具有在其他城市看不到的规模和构造，是建有巨大石碑的祭祀之所和无比宁静的圣域。科潘的大广场（用于举行祭祀仪式的广场，也叫北广场）上摆放着九块巨石和几个像是祭坛一样的石雕建筑。每块巨石都象征着科潘的生命和科学，至今仍被视作玛雅艺术作品的展示场。巨石正面雕刻成抽象化的神面，而整个背面刻满象形文字和复杂的装饰。这些安山岩石雕上曾经涂满的朱漆早已剥落，但是它们仍然是广场的主角。

　　广场环抱着中央小金字塔，直接与中广场相连。绕过石碑，一直水平扩展至金字塔层层堆叠的卫城脚下。从被金字塔的斜面包围了三面的歪斜的空间开始，"象形文字梯道"垂直地伸展到神殿的高台。每块方砖上都刻有象形文字。总共刻有2000多个象形文字的梯道，是整个科潘最为垂直的造型，被认为是通往天国的阶梯。把这个建筑建在举行仪式的中心，并不是为了炫耀高度，而是为了提升神圣感。在层层堆叠

阿克罗波利斯（卫城）中庭的神面

的金字塔高台上有三个神殿和两个中庭，它们以一种很复杂的方式排布于此。尤其是祭祀"雨神"的东边的庭院，包裹着幽深的神圣地带。这块圣境看上去并不很大，或许是因为我们根本没弄清楚它的大小。因为它四面的墙壁被无数贴得整整齐齐的神面覆盖着。比如，一个神面凝视空中，旁边一个神面在欢笑，再旁边的一个又看似苦闷……以此来说明人与神是交互一体的。从逼真的神面到抽象化的人脸容貌，所有的神面都使站在狭窄庭院当中的人们感到胆怯、紧张。观者仿佛被这些神面用咒语镇住了一般。这里的一切营造出一种强烈的宗教神秘感。

阿克罗波利斯中庭的神面

"象形文字梯道"前的石碑 M

阿克罗波利斯中庭的神面

　　科潘的建筑就是依靠这样的技巧，成功地建造起了一个宗教仪式空间。特别是石碑与广场的关系，就是如此。通过东边神面的视线轨迹织成的网格，创造出了祭祀的空间，体现了卓越的技巧。在科潘，虽然看不到垂直的动态感，却可以看到雕刻和建筑上采用的精妙手法，这无疑是对雕刻和建筑进行大胆尝试的结果。科潘遗迹是平坦的。即便位于明亮的太阳的正中，也一点儿不单调，那是因为并没有把全部内容露在外面。新玛雅城市里所能见到的富足、乐天性、游艺性，在这里都被隐藏得很周密。这些充满了令人窒息的创造欲和强烈信念的建筑造型，

北广场的石碑 H 和双头龙蛇祭坛 G

被神面的视线所包裹着。因此，科潘遗迹的独特之
美才不会扩散消逝。

　　旧玛雅文明中的异端城市科潘，建于公元 400 年
到 800 年之间，但也终究难逃衰老的命运。在大约 7 世
纪末，旧玛雅文明的绝大多数城邦都消失了。关于消
失的原因，至今尚无定论。科潘，这座寂静的城市，
大概也如同大自然中的树木一般消亡了吧。

场所的指南针（选自埃及写生）

不管是环游地中海，翻越阿特拉斯山在沙漠中徒步，还是参观古代遗址，在观察这方面，对我来说并没有什么不同。也许有人对此会不屑一顾："反正你的观察焦点最终都落在建筑和场所的关联性上，还不都是一样的吗？"果真是这样吗？简单来说，有些问题若是站在古代遗址的发掘现场，就能立即做出判断，因为那里简直就是生产"地灵"的地方，能从一片陶器残片中想象出整个场地。

建筑占据了场地，在这片场地中存在着地灵，有地灵的地方就一定有风景。所谓场地性，是指出人创造出的力量可以遍及的领域。另外必须要补充的一点就是，无论建筑还是场所，都可以带来超越现象的想象力。

建筑和场所的关联中，一种明确的关系就是方位轴。方位轴、空间轴姑且不论，决定这个方位轴的有力根据又是什么呢？我在埃及时，这个疑问一直模糊地存在于头脑之中。尼罗河轴自不必说，在无数的神殿中都仿佛有方位轴的晃动。当弯曲这根轴时，如何选择方向才能看清这根轴呢？我觉得如果以景观为中心，将观察的视角置于建筑和宇宙论之间来思考的话，一定是件令人愉悦的事情。我不是考古学和建筑史学的专家，所以姑且容许我用这种方式来思考。

此处附上一篇有关调查概论的报告书和一篇关于
《玛尔卡塔王宫城市的图像学方位概念》的论文。

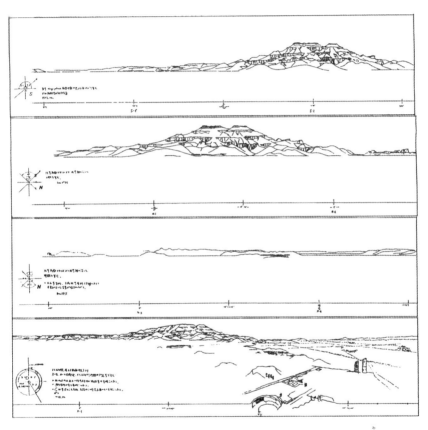

沿王宫建筑轴或视线轴记录的写生（摘自《玛尔卡塔王宫城市景观记录》）

挖掘法老的王宫

　　玛尔卡塔王宫遗址是古埃及第十八王朝的法老，阿蒙霍特普三世（前 1391—前 1353 在位）的住所及其附属诸建筑的遗址。它的规模不详，但光是建筑群的密集区就超过了 600 平方米。如果再将哈布湖（人工湖）之类在王宫领城内的设施包含进去的话，那么一条边长就能达到几公里，甚至更长。据此规模，我们完全可以将其称作玛尔卡塔王宫城市（Palace City）。

　　位于玛尔卡塔南部区域有一处叫作"鱼之丘[1]"的建筑。早稻田大学在对其前后进行了十次（1961—1981）考察之后，推断出"鱼之丘"曾是占据了王宫城市一块区划的建筑。虽然调查规模不算大，但是历经十载的发掘，所取得的诸多成果受到了埃及政府的高度评价，因此才授予了我们这次王宫城市的发掘权。从 1910 年以来，美国的博物馆和大学就一直对这处王宫遗址进行着研究。虽然尚未全部弄清楚，但是最为核心的法老宫殿、王后的宫室以及被称为"庆典大厅"的那座神殿风格建筑的位置都已经确认清楚了。经过了这数十年的科考工作，也只不过才弄清了核心建筑中的一部分。这个遗址的宏大与复杂程度可见一斑。

　　这次调查是早稻田大学获得了玛尔卡塔王宫发掘

---

1. 见报告书《玛尔卡塔南部，鱼之丘，建筑篇》（古代埃及调查委员会编，1983 年）。

调查权后的首次综合调查。由研究建筑史学的渡边保
忠教授担任队长，埃及学方向的吉村作治、关和明两
位教授从旁协助，此外还有来自熊本大学的堀内清治
教授的加入，是一支以建筑史方向的专家为主的科研
队伍。此行的目的是在"鱼之丘"建筑相关的调研基
础上，做更全面的考察。就接下来如何开展对玛尔卡
塔王宫的研究，探讨出一些方案。但实际上正如调查
队在总结报告[1]中所写的那样：在许多方面都进行了
相当深入的研究。不仅包含了"和'鱼之丘建筑'彩
色装饰的比较研究"，还包括了对每日发掘出的彩色
壁画的修复工作、记录工作，以及与王宫平面实测已
有资料的比较等研究在内的平面构成方法的探讨。此
外还有与王宫建筑材料——土坯砖的研究相关的，现
在也应用于民房建筑的土坯夯筑法的实测调查，涵盖
了上述这些十分丰富的子课题。对于这些调研目标，
调查队将其分成 11 项进行了汇报。

　　我承担了其中的两个小题目的研究工作。其中，
第一个是《玛尔卡塔王宫城市的图像学方位概念》和
《玛尔卡塔宫和葬祭殿建筑群的轴性[2]》。这是鉴于

---

1. 详见 1986 年，日本建筑学会大会学术演讲梗概集《玛尔卡塔王宫第一
　　次调查的目的和成果概要》，以及《玛尔卡塔王宫的研究》（中央公论
　　美术出版）。

2. 前一篇论文，1986 年日本建筑学会大会学术演讲梗概集，英文题目 *The
　　Conception of an Iconological Axis at the Palace City of Malkata, Luxor*, 该
　　篇论文是与渡边保忠教授联名发表的。后一篇论文未载于本书中。

发掘现场的写生

玛尔卡塔王宫的位置是毫无先例的，即王宫建在了象征着死亡的尼罗河西岸。将其与排布在西岸的众多葬祭殿的轴性联系起来，从图像学的视角，考察位于古代底比斯的玛尔卡塔王宫的定位。这对于今后去研究玛尔卡塔王宫城市中诸建筑的排布规律（包括考察轴或正面的偏转、建筑之间关系以及建筑与外界的关系）是大有裨益的。

　　第二个是与前文提到的"方位概念"的研究有关的课题。是对玛尔卡塔王宫和自然景观的关系进行的考察，题目叫《玛尔卡塔王宫城市的景观记录[1]》。

---

1. 1978 年，日本建筑学会大会学术演讲梗概集。

古代埃及人一直秉持着严格的方位概念，因此古代埃及文明的诸建筑物都是严格遵守轴性、正面性的。那么这些建筑物如何将目光投向"自然＝景观"的呢？这篇文章正是带着这样的疑问进行研究的。换句话说，尼罗河秉承以南北为轴的宇宙观，而这对玛尔卡塔王宫城市的景观具体产生了哪些影响，这是我试图去弄清的问题。这项工作具体来说就是从王宫城市中已发掘得较好的建筑，去眺望周边的风景时，将可以看得到的景观与方位关联起来进行记录。这项作业虽然是刚开始不久，但随着不断地从更多的位置记录景观，这些视线的具体形象和观念上的方位概念之间的关系就会慢慢浮现出来了。这让人不由得庆幸做出了这个重要尝试。前者关于"方位概念"的课题是采用了从外部观察玛尔卡塔王宫的视角，而后者"景观轴"这一课题则采取了从王宫眺望外部的这一视角。

　　除了这两个题目之外，由于我原本进行的研究是与民房研究相关的，所以最后也用了一点时间，加进去一些对"土坯夯筑法"的研究。从古代传承下来的土坯房的传统和技术，再加上泥土的造型，以此为题目，算是一个非常吸引人的研究课题吧。令人惊讶的

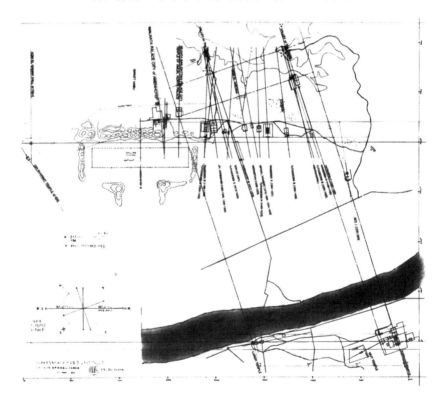

尼罗河现在的轴像图（摘自《玛尔卡塔王宫城市和葬祭殿建筑群的轴性》）

是，玛尔卡塔王宫本身所采用的建造方法，和至今仍
在使用的土坯砖建造法，有着相同的方法体系。通过
对卢克索的民房进行实测，我找到了与玛尔卡塔王宫
研究相连的明确可行的研究题目。玛尔卡塔王宫城市
是一个有着无穷无尽的研究课题的大宝库，它不断激
发着伫立于此的研究者们产生新的灵感。同时它也是
一个能持续导演出宏大戏剧场面的记忆的风景。

玛尔卡塔王宫城市的图像学方位概念

古代底比斯的方位概念

古埃及人认为
日出是太阳的诞生、
再生，因此把日出
的方向理解为"生
的方向"，而与之
对应的日落表示太
阳的消亡，因此把
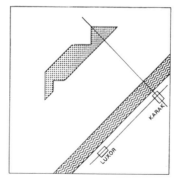
日落方向理解为"死的方向"。用来划分东西两侧生
死观的正是尼罗河。以尼罗河的流水为轴，作为观念
上的南北。新王国时代，是由高度发达的天文学和几
何学构成的文明。但是地面上的大自然，通过和观念

上的方位概念的结合，对建筑、城市的方位和轴的确定产生了重大的影响[1]。

卡纳克神庙和卢克索神庙的基轴

卡纳克神庙和卢
克索神庙，是主神庙
与附属神庙的关系，
都是在第十八、十九
王朝时期断断续续建
成的。虽然两个神庙
的建筑轴是东西轴和

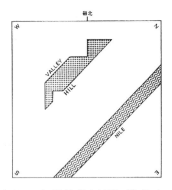

南北轴垂直相交，但是它们二者是依靠尼罗河这条南北向的轴相连的，这一点一目了然。有一条装饰着狮身人面像的长达 2.5 公里的参拜道路，形成了将人与神联结在一起的基本的方位轴。以这条南北基轴为参照，卡纳克神庙的东西轴横跨过尼罗河，敏锐地指示着遥远西岸的死者领界（陵墓）的方向。

法老墓与葬祭庙的布局

卡纳克神庙的东西方位轴，贯穿于帝王谷。帝王

---

1. 这理所当然。古埃及不仅有以尼罗河的流水为轴确定的"南北"概念，还有"东西"的方位观，并划分出了生与死的领界。圣书字的"东西"二字都是由山形的象形文字构成，并描绘着尼罗河两岸的阶地和小山。

谷被认为是死者世界的中心，是隐蔽的陵墓群。在这条轴线上，集中排布着至少六个神庙、葬祭庙。因此可以断定，在古代底比

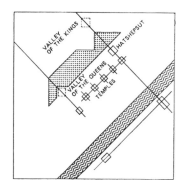

斯，是以东西方位为主轴的。第十八王朝的法老以此为基准顺次向南，也就是在位于东岸卢克索神庙一侧并排修建了几个葬祭庙。这样一来，尼罗河西岸的死者领地将新的轴线视觉化了。

陵墓与玛尔卡塔王宫的关系

哈特谢普苏特女王的葬祭庙，是在尼罗河与河岸阶地的对比性自然景观和观念中的方位概念的基础上，建立起来的一座构想

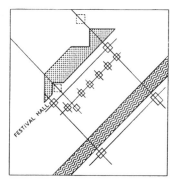

极为宏大的建筑。位于南面的阿蒙霍特普三世的葬祭庙就将修建的位置定位在了女王谷中。现在我们只能通过那一对门农巨像来推测阿蒙霍特普三世的神庙规模了。阿蒙霍特普三世为了划出死者的领地

而在玛尔卡塔城北端修建了庆典大厅[1]。庆典大厅和阿蒙霍特普三世的神庙，无论是建筑结构还是东西向的位置关系都与卢克索神庙遥相呼应。从这一点来看，真是一个雄伟宏大的场地构想。

玛尔卡塔王宫城市的方位概念

有了庆典大厅作为亡灵世界的结界，玛尔卡塔城的禁忌一下子被解除了，变成了生者的领地。陵墓的东西轴的地理特点是河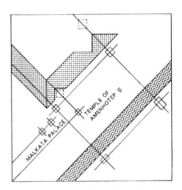流、阶地和山谷的组合。但是玛尔卡塔王宫的复合建筑群的东西轴却向着沙漠变换方向。这是由一处闭锁的空间向开放式空间的转换，是由死者的世界向生者世界的转换所必需的规定空间的转换，是一种按照极为严格的方位概念组建起来的领地变换法。

王宫城市的开放环境

玛尔卡塔王宫城市的基本思路是，在保留观念中

---

1. 阿蒙神庙和葬祭庙的复合设施。我认为，这个祭祀庙与门农的葬祭庙是共同作为禁忌领地的二重结界而修建的。

的方位轴不变的前提
下，不断建设新法老
的居住空间。建筑的
排布为逐渐远离葬祭
庙所在的南北向一
带。建筑的分布明显
带有向着作为禁地的

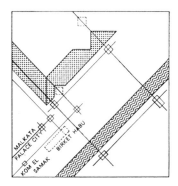

沙漠扩展的趋势。在南北轴上建起巨大的人工湖哈布
湖[1]，把观念中的尼罗河作为宗教性质的场所固定下
来，这一点也非常重要。把像"鱼之丘"这样的远离
主建筑的散落建筑，也运用图像学的方位概念一起统
合起来进行排布，当之无愧为卓越的城市规划创意。

---

1. 哈布湖是仿照尼罗河而修建的人工湖。它与人工挖掘的土丘陵一起，不仅
   是庭园建造史上伟大的景观创造，更是令人联想起王宫生活景象的场所。

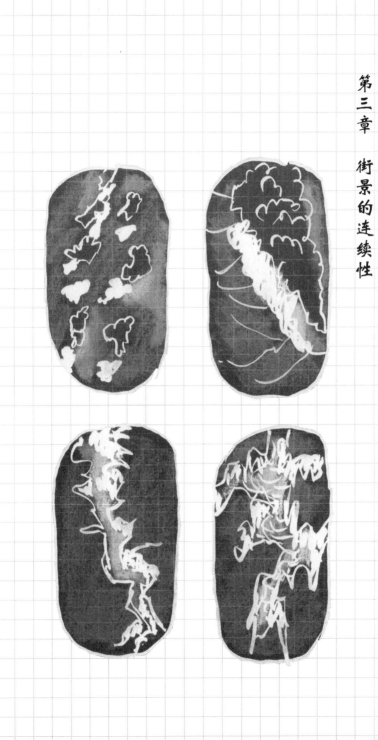

建筑排列的顺序（风景）

街景指的是一座座建筑成排集合时的样貌。产生街景的先决条件是建筑的密集度需要达到一定程度，比如像在街道、村落、城市。因为街景主要是指建筑物集合在一起的外观状态，所以无论它的疏密程度如何，都一定是以某种统一性而聚合在一起的。比如以某种形式排列起来，或是连接在一起，又或是不断重复着某种样式而形成。因此，最常见的做法是以道路或广场为观景点。之所以要站在人们日常行走的场所或集合的场所来观察街景，是因为对于所有的观察者来说，这片街景是大家所共有的。

人们在观察一个城市时，第一眼看到的是街道、广场，以及包括行道木在内的街景。在感知一个城市的时候，这个城市的构造、密度、构成，以及它的性格、整洁度、宜居程度、新旧与否，均是透过对街景的观察去体味的。因此，可以说街景最能表现一座城市的风景了。远眺城市和村落的轮廓，虽然可以看得出规模和高度，但是却看不到城市的具体状态。想要了解一个城市，无论如何都要走进去观察和发现它的街景。

无论是世界上的哪一个城市，人们都可以通过观察街景大致推断出这个城市的性格。当然也有无法理解得完全正确的时候，但至少可以确定的一点是，通过街景人们可以非常迅速地解读出城市的本质。因为街景中包含着一些非常普遍的主题以及让观察者可以产生共鸣的形象。

所谓观察街景，是指观察一个个建筑物（组成城市的单位）的位置，以及能够眺望所有建筑物集合样貌的位置。将建筑物称为个体时，众多建筑个体集合起来形成街景的这种关系，就可以理解为整个城市的样貌。与日常生活密切相关的城市的各种表情，常常会重叠地映照于建筑个体与建筑集合的关系中。一个城市原本模糊的形态，在此刻会以绝对的视觉化形式呈现在人们面前。因此，解读城市街景的乐趣就在于身在现场的人可以自由地去解读被视觉化了的建筑个体和建筑集合的关系。

人们对于同一个街景的评价当然不尽相同，这些评价是人们以各自所居住的环境和以往的经验为准绳得出的论断。但令人惊讶的是，在这些不同的评价中却能找到很多共通之处。尽管人们的居住地存在地形和气候的差异，但是大家对于那些令人感到惬意舒畅的街景却持有相同的感受。这说明在对建筑个体与集合关系的追求方面，人们在一定程度上具有相通的喜好与期待。这大概暗示了在人类漫长的聚居文化历史中，是存在着一种共同的审美标准的。这种标准是在经年累月的实践经验中积蓄起来的。

关于这个审视标准，我们可以再进一步思考一下。城市（村落）的内部景观和建筑外观合并起来，称为街景构造。在这个构造中我们可以看到对建筑集合以及单个建筑产生作用的两种要素。一种是把个体建筑整合到建筑排列[1]中的要素，另一种是个体建筑可对街景产生作用的要素。这两种作用于不同方向的要素，我们可以这样来思考：如果整合进"建筑排列"的要素很清晰明快，那么建筑集合就具有了统一性，便容易打造出连续性和整体感更强的街景。但与此同时，均一性、同质化也会增强，建筑整体排列的效果会被强化，那么也就不容易突显出单个建筑物了。另一方面，当把作用于整体的要素置于每个建筑的内部，或者各个建筑物以多样的形式连接在一起时，街景常常呈现出整体感消失的状态。这时就会出现单个建筑内部的紧凑性很强，但街景整体欠缺连续性的情况。通常那些给人自然流畅之感的街区，在把握这种微妙的平衡方面，构思都很巧妙。

为方便起见，我们将这些要素分为两种：一种是将建筑物统合为一个建筑排列的要素，另一种是建筑物对于建筑排列整体发挥作用的要素。当然有些要素未见得能完全归入这两种类型之中。纵观街景的历史，居于两者之间，作用于这两极的要素也不断地生成。恰恰是这些居于二者中间的要素，在为街景注入独特

---

1. "建筑排列"（並み）这个说法是从"街景"（街並み）一词中提取的新造词。它有"普通的、中间的"含义。

性方面，起到了重要的作用。

在欧洲的街景中，常常能找到令人为之一振的地方。当邂逅那些富有内涵的、令人心旷神怡的街景时，我的第一个感触就是街景的种类竟是如此丰富。这些制造出"建筑排列"的要素呈现出了变化多样的表达方式。加之，这些要素表现得很规范不张扬，使得街景的整体性和构造一目了然。在以石砌建筑为主的欧洲城市中，由于街景的架构分明，所以要素的分隔线也十分清晰地呈现在视野中。这一点理所当然。街景中被深深刻上了各个时代的烙印，从街景中可以读出一直伫立在那里的"建筑排列"的时间，因为它是以时间的累积为主题的。发挥了年代感的各种要素经受了时间的洗礼，带着某种韵味，装饰着整个街景。这些种类繁多的要素，被赋予了高雅考究的形态，成为使街道整齐统一的集合要素，与一座座建筑要体现个性的要素之间，产生出了阶段式的平衡。

在那些能体味到历史厚重感的古老街区中，浸染了传统节日、日常生活习惯的色彩。街景与当地人的生活早已合为一体。人们的生活习惯，比如使用广场的习惯，沿着拱廊散步的习惯，在咖啡馆中交谈或是野外聚餐，都是以街景为背景展开的。街区中的生活又是如何使街景充满活力的呢？它们二者之间不可估量的关系也包含于风景之中。此处所涉及的街景尽管相对老旧，但是充满着脉脉温情的生活空间巧妙地融

于街景之中，使得街景变得更加丰富鲜活。而街景也
细心呵护着人们每日生活的空间，让人们体会到一种
共同的愉悦感。

　　本书选取了世界各地 30 处街景[1]作以概览，并附
上解说。前半部分的 15 个街景是由建筑构成的，是
把单个建筑整合于建筑排列中的要素的具体例子；后
15 个街景是个体建筑对建筑排列产生作用的要素的
例子。根据它们的作用表现，我尝试附上了与之相符
的小标题。30 处街景都是从我个人拍摄的照片中选
取的。尤其多选用民间（地方）风格的街景，是因为
我认为这其中存在值得学习的街景原型。

城墙之内，城墙之外　　　　　　杜布罗夫尼克

　　最能明确表现建筑排列原理的，大概就是带有西
欧中世纪城郭的城市了吧。城市被城墙包裹，无法按
照通常的视角从外部窥知内部。街景隐藏于城墙内部。
只有穿过城门时，才会发现光靠外观无法测知的城市
内部街景。正是有了城墙的存在，才更让人加深了"街
景就是城市内部的表情"这句话的印象。因为城市内
部的建筑填充密度高，在建筑排列中，精心琢磨过的
房屋间的连接要素随处可见。之所以能把一座城市比
作一幢房子，也是由于那些人性化的设计可以渗透到

---

1. 原稿中本来包含 36 个街区，此处省去 6 个。

街景之中的缘故。虽然有很多中世纪城市已经拆除了城墙，但是诞生于城墙之内的民居排列的原型，仍然保持着原有的形态刻于街景之中。

绵延的街墙　　　　　　　　　　库斯科

依靠连续的街墙使众多建筑一体化的实例很多。绵延的壁面使得各个建筑物的分隔隐藏于墙壁之中。凡是带有院落的房屋，大多数情况下临街的一面是封起来的。这样做是为了凸显出夹在两面街墙之间的道路。但是通过入口的形状、窗户的排布、阳台的位置、台阶的数量，能从街墙的内侧模糊地分辨出各家房屋的独立分界。除了作为街墙外，还给街区增添了一种细腻的味道。如能穿过入口处上有顶棚的门廊，对院子进行一观的话，就会看到连绵的街墙温柔地伫立着，好似守护着内部，让人不觉生出一种感动。在房屋和街道之间设有长长街墙的这类街景，大多出现在使用土坯夯筑法（dry-mud construction）的国家。不仅包括北非到中近东地区，在保留有南美印加风貌的库斯科也能看到。在这石墙的表情中，映出的是历史。

连成一串的屋顶

伯尔尼

屋顶的形状是最能表现当地风土的要素之一。同样形状的屋顶连续出现时，对建筑集合的影像起主导作用，使得街景的连续感越发加强了。面向街道在山墙上开门，或是在纵墙上开门，会使整个街景变得迥然不同。在纵墙上开门，再加上相同的房屋造型，使得屋顶的序列感更好地凸显出来。屋顶样式的一致性说明屋顶结构是相同的，那屋檐、山墙的形式也自然都是相似的。各幢建筑的屋顶使用了同一种材质，强

化了连续之感。伯尔尼中央大道的街景包括各式各样的拱廊，道路和回廊间的高低差、缓弯，沿地形起伏而建的台阶，各种样式的壁挂装饰，各种类型的屋檐，等等，是由种类繁多的要素组合起来的。而要将带有变化的街景整合成具有连续感的景色，建筑的屋脊便胜过其他的任何一种要素，起到了决定性的作用。

反复出现的屋檐形象　　　　　　佛罗伦萨

屋檐是现代街景中丢失的东西。正如"鳞次栉比"一词的本义，就是连成排的建筑物屋檐，是衡量房屋密度的一把尺子。屋檐是镶边于建筑物轮廓上的凸出部分。特别是仰视的时候，有了屋檐会让街景看起来成一列或一条线。即便屋檐向外伸出得不多，那种呈一条直线般前进的鲜明形象，也会吸引人们的视线。向外探出的屋檐自带一种力量，让人感受到隐藏在仰

角视线里的屋脊结构甚至是房屋的内部。佛罗伦萨的屋檐零零碎碎，高度参差不齐，从这一点来说是稍显逊色的。但是相同事物的反复出现，是使街景显得美观气派的一个要素。屋檐的运用营造出一种为道

路遮光的微妙柔和感。那么，在现代街景中如何使屋檐重获新生，又应该建造成一种怎样的形态呢？这需要我们进行更多的思考。

被守护着的步行道　　　　　　　　　　利马

　　我们将街景看作建筑的外观。而居于建筑与街景之间的回廊，本身就可以说是一种特别的街景。比起从大道或从广场远眺，从回廊里遥望街景，反倒能发现更为复杂的景色。回廊守护着漫步于其中的步行者，也仿佛守护着城市的内部。这种安全感对于居住者来说是多么重要啊。之所以修建回廊，就是为了要营造出共同体之感。无论回廊的规模是大是小，它都能为街景注入更丰富的内涵，为古老的城市平添几分沉静。

回廊网格　　　　　　　　　　　　博洛尼亚

最能经常看到回廊的地方是意大利。而在意大利，有着最大回廊的城市是博洛尼亚。博洛尼亚的回廊总面积达45平方千米。整个城市的中心都被回廊组成的网格所覆盖。很少见到不包含回廊的街景。城市道路也沿着连绵不绝的回廊而铺设连接。回廊赋予了街景一种新的乐趣，一种在网格状的空间里行走的乐趣。这里到处都是沿着回廊散步闲谈的人们。长长的回廊将步行的人群紧紧包裹于其中，它时刻向城市传递着快乐与生机。拥有大量回廊的城市虽然略显保守，但是只要它永葆活力，那么这座城市就不会变老。

柱廊组成的屏幕　　　　　　　　卡罗维发利

回廊的种类各有不同，相比起覆盖在回廊上面的部分，支撑回廊的成排立柱倒是给街景增添了节奏感，成为了一道难以忘却的风景。一旦行走于柱廊之间，对于远近的感觉就变得格外分明。对于步行者来说，

柱廊就如同是透明的屏幕，透过这连续不断的屏幕，眼见目的地离自己越来越近。无论在何时，光与影交织而成的连续感，都能为城市的景观奏响柔美的韵律。成排的柱子增加了回廊景致的趣味性，赋予了街景更多样的变化。位于捷克西部的卡罗维发利是一座藏身于山谷间的温泉小城。在公园的柱廊之间，分散着数量众多的泉眼。人们用瓶子汲取温泉水饮用，久久徘徊于凉爽的柱廊之间，品味着城市的美景。

城市的包装　　　　　　　　　　　　　米兰

在城市的中心，通过建起玻璃的巨大顶盖，来为市民提供一个聚集交流的场所——将这一构想表现得最具戏剧性效果的当属 1867 年建成的米兰伊曼纽尔二世拱廊商业街了。在此之后的 110 余年里，它启发着米兰市民以及到访过这里的人们去思考同一个问题：街景究竟为何物？直到今天这座拱廊商业街仍持续地带给人们一种"城市"的感动。这座拱廊商业街由长度分别为 200 米和 100 米的道路各两条相交而成，再用高 30 米的玻璃顶棚覆于其上，是一座颇为

宏大的建筑物。它由铁和玻璃这两种近代新型材料建成，也是世界上出现的第一座用来包裹街景的建筑物，因而具有里程碑式的意义。有着"城中之城""城市会客厅""城市大厅"的美誉。直至今天，从这里依然持续不断地向现代都市的建筑群释放着强烈而有力的讯息。

遮光罩　　　　　　　　　　莫斯科

通过覆盖包裹街景，来实现街景空间的一体化。就好像变成了一个完整的建筑物内部一样，具有了空

间密度。把空间封闭起来后，交谈欢笑声都能产生回音，这里就变成了一个让人有亲近感的空间。人们喜爱这样有亲近感的场所，养成了聚会于此的习惯。都市文化也由此形成。其实未必要把道路包裹起来，

也可以将城市风景积极地导入建筑内部。这样的实例在世界上也很多见。比如，现代街景所探寻的中庭空间就属于这一种。莫斯科的古姆国营百货商场就对着红场上庄严的建筑群。大大的遮光罩，将城市风景温柔地内部化并展现在我们面前。

光影条纹　　　　　　　　　　　　　　马拉喀什

在日照强烈的地区，道路上常设有遮阳棚。而遮阳棚投射下来的阴影，起到了类似回廊的效果。像摩洛哥的菲斯、马拉喀什这样古老的要塞城区中心都设有阿拉伯传统市场。由通风性很好的常春藤或是苇箔制的遮阳棚覆盖着整个市场。因此，道路上全印上了光与影交织的网眼条纹图案。不论是店铺还是商品，卖主与买家全都身披条纹图案，使得整个街景非常

具有动态感。如果使用更廉价的素材，如粗加工过的竹席、苇席或是树脂板做遮阳篷的话，也会产生同样的光影图案。因此，它可以算得上是最为经济、最为简易而且充满想象力的街景装置了。

看不见的房屋　　　　　　　　　　古勒米迈

在民居集合中，也存在着无法形成所谓的开放性街区的事例。如果城市本身就是一个难以分割的团块，当把道路建在这个团块中时，一条封闭的隧道就形成了。正因为有这条像洞穴一样的通道，街景仿佛从视线的连续性中消失了。或者也可以说，只有住在那里的人才能看得到街景吧。这种布局设计是不接受外来的生人的，却能把看不见的这几十户人家连接在一起。在这条看

不清单个建筑的黑暗街道上，只能依靠触觉去感受它的连续性。建在撒哈拉沙漠的绿洲中的古勒米迈就是这样的例子。这里的住房就建在隐藏的迷宫之中。除了当地居住者之外，外人是无法辨别的。

适度的弯曲　　　　　　　　　　马德里

一般来说，弯曲的建筑排列比起笔直的排列更能提升街景的连续感。站在面向弯曲弧外侧的街道，更容易看清后续建筑物出现的方向。这是因为这样的街道在视觉上更具有可预测性。一个曲面的街道，对

视线流是有助力作用的。而面向弯曲弧内侧的街道，街上的景致会依次不断地跃入观者的视线之中，增加了一种意外之感。弯曲弧外侧与内侧两种不同视野的对比性使街景充满着跃动之

感。这种蜿蜒小路虽说哪里都有，但是如果不是在并行的街道之间，调整好适度的反射和对应关系，就不会出现这种弯曲的视觉美感。

多重意义的台阶　　　　　　　　　　锡罗斯

　　为什么建在山地斜坡上的城市景致会给人留下那么深刻的印象呢？关于这个问题有着众多的解释。比如：因为高度差是以立体的形式进入视线；因为外露的部分要比隐藏的部分多，等等。也就是说，核心原因是能看到城市展现出的更多形态。不管是在平缓

的坡道上，还是在极陡峭的台阶上，房屋的排列都要贴合坡度来表现高低差。因此，房屋与道路的关系就变得至关重要。当房屋的排列能根据斜坡进行调整，产生出韵律感时，建在斜坡上的街景的整体性就会倍增。爱琴海锡罗斯岛的大面积台阶，虽是一种特例，但是能使斜坡式的房屋排列的立体感被突显出来，手法甚是巧妙。

成体系化的装饰 马尔堡

如果只是将用于局部的装饰物重复排列，并不会使房屋排列显得很具有连续性。但是，一旦将其与建筑物的构造关联起来，或是与关乎外形的重要要素联系起来的话，有时可以产生比预想中更强的连续性。半木材建筑依靠木结构的梁柱以及梁柱间的墙壁，在架构上、形式上都构成了系统性的装饰。单单提取任

何一幢房子来看都富于变化，找不到和它重复的式样。但是整个街景却在类型上保持着一种共同性。这种呈现体系化的装饰，仿佛诉说着市民之间的连带感。在德国的城市里，就能经常看到这样的街景。

玄关的表情　　　　　　　　旧金山

　　在建筑物的入口处，尽管有门、前庭、篱笆和栅栏，但是入口作为建筑物内部与外部的分界线，有着自己独特的表情。当一幢幢房屋集合起来组成街景时，那么无论是独立的别墅还是集体公寓楼，玄关就成了能突显个体存在的为数不多的要素之一。尽管地域和生活习惯有差异，但是房屋入口的设计要素种类也带有相似性。为了使一座建筑能够体现出和其他建筑的差异性，房屋入口也在极力发挥它的作用。从这点来说，入口应该算是一种特殊的要素。特别是像旧金山

这样到处是坡道的地方，玄关周围的台阶、门廊和凸窗的组合，制造出了层次丰富的街景。

典型的入口   阿尔贝罗贝洛

有一种房屋，四面被墙壁封锁，将一切隐藏于内部。在这种"外表冷淡"的建筑排列中，却在入口周围聚集着打破沉闷、驱散冷漠的小要素。这个入口再简单不过了，根本谈不上玄关和门廊，就只有一扇大门。大门入口处有一块像条凳一样的石台，还装饰着一盆洋绣球花。使用天然石材作为台阶，大门上的五

金配件造型多样。图案稚拙的格子窗、显示信仰的立像、门帘、从入口处可以窥见的里院以及昏暗的内室、从里面传出的孩子的声音……这一切汇聚在一起，构成了一个非常典型的入口景观。

具有尺子功能的楼梯   奇斯泰尼诺

楼梯可以指示出玄关、入口的位置。通过楼梯的样式还可以判断出，这处楼梯是一户人家使用的还是几户人家共用的。在这种立体式的街道上，楼梯就类

似于一把尺子，这是一把与人的动作和体型相符的尺子。有了楼梯，就能较为容易地测量出空间的规模。尽管楼梯的大小各不相同，但都会遵循事先约定好的修建原则，因此楼梯就成了各个建筑作用于街景的一

种强有力的要素。比如，靠近房门的楼梯口处的空间会建得略宽一些，或是在楼梯平台留有一个小空地。这起到了楼梯入口的作用，更是人们相遇汇合的小小空间。

"能言善道"的楼梯　　　　　米科诺斯

因为楼梯具有方向性、轴性，而且是一条垂直的

道路，所以能赋予建筑物一种象征意义。它可以明确地指示出存在于建筑外观中的或立体或重层的关系，并且可以丰富地表现出建筑的动态感和重叠的关系。在米科诺斯这样的小住宅群中，利用楼梯可以很

容易区分出一户一户建筑。上下同属于一户人家，所以要从一楼上到二楼，就只能依靠外部的楼梯。明白了这一点也就大致理解了各户的内部构造。像这样把具有内部功能的楼梯、露台伸到大街上，使这些要素仿佛能说会道，讲述着每个建筑的独特之处，让人格外有亲切感。

山墙的象征意义　　　　　　　　　　安特卫普

作为建筑轮廓，能将建筑形态明确描画出来的一种风景，是当带有悬山式屋顶的建筑山墙是对着大街而建的时候。特别是完全典型的悬山顶建筑，山墙的三角形表示独立的建筑个体。这是因为三角形可以表示出正面性，破风的顶点强调出建筑物的正脊和中心轴。山墙是表现上梁装饰的面，经常会使用雕刻、壁画等进行装饰。其中，像阿姆斯特丹、安特卫普这样

的街景中，拥有造型独特的山墙和破风的城市建筑单位的集合，呈现出一种井然有序之感。在这样围绕着广场的建筑排列中，我们甚至可以体会到一种仪式感。

千家万户的光彩　　　　　　　　普罗奇达

　　位于那不勒斯湾的小岛普罗奇达面向海湾，由五颜六色的房子堆叠而成。它们连成一体，单从窗户、楼梯的结构很难辨别清楚各户房子的样貌。在这个合为一体的渔村里，之所以能够表明这是众多单个建筑的集合，是由于各家各户的外墙都分别粉刷成了不同的颜色。这些房屋堆叠了三四层高。各家分别涂成淡粉色、淡蓝色、淡绿色、淡黄色，构筑起一连串的墙壁。当各家的色彩聚集在一起的时候，一个面向小港口的多彩城市立面就建立起来了。海面上荡漾着彩色街景倒映的光影，一圈圈地扩展开来。对于出海捕捞

归来的渔民来说，这日复一日的街景光彩，就是为他们备下的华丽欢迎宴吧。

顶篷投影 帕兹库阿洛

从建筑的侧面来看，从内部伸向外部的带有空间感的要素可以举出几种。其中一个就是安在建筑物前面的顶篷。既有只覆盖门廊周边的窄短的顶篷，也有覆盖建筑整个正面的顶篷。用于建筑物一层的店铺或餐馆时，顶篷是公用的。当顶篷这种形式在街景中连续出现时，就变成一个可以被称为拱廊的公共

空间。顶篷作为公用之时，哪怕是很小的一个，也会给街景带来投影，制造出带凹凸感的变化，成为美化街景很好的要素。在日照强烈和多雨的地方，顶篷会变成一个展示人们装束打扮的聚集地。

corridor 的开放 卡奈马

在西班牙和拉丁美洲地区，有一种被称作 corridor 的空间。用于住宅、建筑中时，主要是指房子和外部之间微妙的缓冲空间。变身成门廊、露台的情况较为

多见，也作为类似日常
生活中的起居室使用。
在有中庭的住宅中，包
围中庭的柱廊部分被称
作 corridor。家庭成员

们在那里做家务、睡午
觉。如果有客人来访，
在这个空间接待客人也
完全够用。如果临街，
也会成为过往行人休息小坐的空间。虽说没到向外人
完全开放的地步，但是 corridor 面向街道连续修建，
房屋的影子都连接在了一起，产生出一种通风性良好
的一体感。

表现房间的窗户　　　　　　瓜尔达

　　不同建筑物的窗户
可谓千差万别，多种多
样。与其说窗户是建筑
的表情，不如说窗户是
用来表现建筑内部房间
的。至少建筑正面的窗

户是用来把建筑内各个
房间和大街直接连在一
起的。由于建筑物的主

要表面是墙壁，因此开在房间里的即使是一个小窗户，也是建筑内幽深空间与外界连通的开口。位于阿尔卑斯山脚的村庄的窗户被有意识地装饰了一番，就是因为窗户是用于表现建筑内部的要素。任何一种形式的窗户都带着其各自的含义，出现在建筑外观中，强烈而鲜明地表现着房屋的内部。

凸窗外探的意图　　　　　　　　利马

在为数众多的开口部位的造型中，凸窗最为积极、有意识地表达了由建筑物内部望向外部的视线部分。另一方面，凸窗的外观能够表现出此处是整个建筑中主要的房间，且那间房间具有向外部开放的意图。如果在居住者与观察者之间展开交谈，那么凸窗处就藏着交谈的应答。利马的凸窗内部通常会做一个带长椅的壁龛，这是一处很吸引人的角落。阿拉伯国家和拉美国家的凸窗通常都很大，完全是房间的一部分或者是独立的眺望空间，成为街景中一道亮丽的风景线。

小凸窗层

马略卡岛

把凸窗开在大街上，会使由内向外的视野开阔好几倍。虽身处室内，却可以将大街上发生的一切尽收眼底。由于凸窗要向外探出伸向大街这条轴和建筑排列，所以使得房屋的一部分也参与到街路轴和

街景中来了。有很多例子表明，凸窗可以让房屋排列看起来赏心悦目。除了前面提到的中东、近东地区、南美地区之外，还有瑞士的恩加丁地区，奥地利的因斯布鲁克一带的城市，以及西班牙的一些城市，等等，不胜枚举。马略卡岛的帕尔马的凸窗，虽然向外探出不多，但是由于使用了钢铁架构，使得玻璃凸窗看起来非常透明，有一种轻快之感。这种方式的反复运用，犹如给街景罩上了柔和的图层。

像壁龛一样的凹面

洛科罗通多

在能确保隐私的范围内，人们总是追求在保持封闭性的同时，又能具有向外的开放性。只要条件允许，人们都希望身处家中也能接触到户外的空气。虽然窗

户、凸窗在一定程度上可以满足这一要求，但是如果想接触户外空气，就需要更加积极的形式。于是稍微带有一点梁托的露台就派上用场了。通过把墙壁面做成向内凹的形状，形成一个像壁龛一样的外部空间。与房间大小相合的尺寸即可，这对于居住者面向街道伫立已经足够了。经常能看到有人静静地站在露台上向大街眺望，虽然站立的位置是露台，可是他却好像是一副直接站在大街上吹风的感觉。

透明的阳台   巴拿马

这里的街景基本上都是以墙壁的形式出现，因此阳台的设计是靠不同素材进行区分的。比如使用和墙壁不同的素材或添加独特的装饰。自铸铁技术诞生以来，使用具有较高强度、装饰较为自由并可保持高透明度的素材做栏杆、窗棂的建筑数量大大增加。巴拿马、美国南部新奥尔良的大街上，建筑的表面都是用这种铸铁的阳台来包裹的。由于是大量生产出的新建材，样式大同小异，仿佛整条大街上都被镶上了一层花边儿。这种"幕布效果"给整个街景增添了一种柔和感。

道路尽头的开阔地　　　　伊维萨岛

小路尽头的开阔地带，是老年人们休憩的理想场所。但是规模再大些的道路尽头转弯地带就非常接近广场的作用了。这个转角开阔地带虽称不上是广场，

但是和包围这种转角处的几幢房屋，恰恰成为了为整条街道注入活力的关键所在。一棵树，一家咖啡馆，再加上一眼小喷泉，明显是一个广场的样子。即使没有这些，各家伸向外部的阳台、房檐、花草以及数把椅子，都会使房屋排列看上去焕然一新。在地中海的街道上，特有的转弯开阔地，就藏着很多这样闲适静谧的街景。

伸缩自如的影子　　　　　　　　　　维罗纳

建筑外侧临时安装的或是向外探出的装置有很多，但是真正对街景产生较大作用的要素却在于建筑的底部。也就是一楼向外探出的遮阳罩或遮阳幕布之类。日照强烈的日子或是下雨天，可以延展覆盖于整

个人行道。既有那种每天用完可以收进建筑物墙壁内的普通罩子，也有像巴黎咖啡馆那样半永久性的罩子。它们是餐厅、咖啡馆这类容易聚集人群的店铺的标志物。座椅的多彩组合以及在椅子上休憩的人们，共同组成了一幅生动活泼的街景画面。

简陋的帐篷

威尼斯

说到临时性的东西，哪里的街道都有市场或者露天货摊这样的地方。通常这类场所都覆盖着简易又朴素的帐篷。有的是用一大块布支起的帐篷，知名的如维罗纳的香草广场的大型伞状帐篷。原则上还是一个帐篷对应一间店铺的大小，而且通常都很简易。在我们的记忆中都有过这样的体验：在赶上节日的时候，突然摆出一大排货摊，会营造出不同于往日的气氛和景象，这可以被称为临时街景。威尼斯的里亚托桥上那些鳞次栉比的首饰店就教给了我们这样一个道理：简陋的帐篷正是非常重要的街景元素。

墙面大发现

住在梁柱结构空间的人们遇到石壁结构空间时会受到一种震撼。看到与平常所见迥然不同的风景时，会有一种极强的新鲜感。墙壁所具有的限定性、隔断性等特性，经常被拿来与日本自古以来建筑空间的无限定性和灵活性进行对比。人们在这种对比中寻找东西方之间更本源的空间概念差异及其意义。这种思考方式现在已经很普遍了。

不仅是建筑家，凡是亲身到过西欧的日本人，都会对与石头的相遇尤为感慨。这是看到石壁构成的风景时的感动。在那里听到了人们的脚步声、嘈杂声，抚摸到了坚硬的石块，看到了石块的厚重和雕刻清晰的图形。可以从中感受到时光的凝结，去想象它从古代一直存续到今天的漫长时光。

对于习惯了木结构梁柱空间的日本人来说，这是看到石壁构造时最初的反应。有了这种感受，就获得了解读异文化（石壁构造）的线索。这些石壁形态多样，深邃而宽广，就如同梁柱间存在着微妙的尺度一样，你会发现石壁中也存在着微妙的尺度和细节。石壁所构成的环境，比起梁柱结构更为复杂多变。

这样一来，之前对石壁有限的认识，会在这样一种风景环境中犹如变身了一般，变得极为轻快柔和。这给了我们一种启发：通过扩大对石壁的思考方式，我们发现了一种全新的风景。带着这种惊异去确认观察石壁的视角，也是我写这篇文章最首要的目的。

当今，在我们的身边充斥着西欧的文化。其实我们现在已经将西欧文化通通化作我们自己的东西了，这种程度之深已经到了不必拘泥于东方和西方的地步。石壁也是如此吧。高密度社会在某种意义上就是个人墙壁的交叠。住宅空间中产生的墙壁，为了将内部严格区分隔绝，迫切需要更为牢固的墙面出现。内部空间的墙壁问题是一个全新的问题，此处暂且不涉及。

这时我们不禁要问，靠现代技术生产出的大量墙面，是否是从考虑生成一种墙壁环境的角度来生产的呢？可以说，这些墙壁只是为了满足隔绝和区划的功能而孤立存在的，所到之处都被布置得非常马虎随意。最开始我们对洋风建筑的认识是拥有比较硬朗的表面。这是从墙壁样式来理解的。那么到了现在，我们对于墙壁的理解到底有了多少进步？这样想来，日本建筑中柔和的墙壁样式也一同包含在内，我觉得现在是时候重新思考一下建筑中的"墙壁"和"墙面"了。不光是从建筑的角度，更是从建筑理应构成的环境风景的角度，更为具体地看待"墙壁"建筑、"墙壁"环境和"墙壁"风景。从"墙壁"的概念中解放出来，站在全新的视角去审视，这是我写这篇文章的第二个目的。

我们稍微梳理一下墙壁的特点，假定从以下这个框架来进行思考。

1. 尽可能以宏大的视野去把握"墙壁"。要站在环境、风景这个视角去思考"墙壁",所以我们在此不去考察"墙壁"作为建筑局部的意义以及墙壁和开口部位的关系。

2. 主要以城市的墙壁作为研究对象。那些达不到城市级别的小规模村落,就要把关注点放在出现在群体生活中的墙壁上,城塞的墙壁、古迹城墙都不在我们的考察范围内。

3. 要选择那些从古时就存在的墙壁,也就是生活在那片土地上的人们最熟悉的墙。从中可以读出潜藏在墙壁中的历史和围绕墙壁展开的人们当下的生活。无论是哪一种墙壁,都要选取扩大墙壁概念的视角去解读。

4. 从上述范围中选择墙壁,并尝试进行如下分类。A. 包围性——块,B. 连接性——表面,C. 穿透性——中间区域(前一个词是对墙壁特性的概括,后一个词是解读对应特性的关键词)。

当然墙壁并非只有一种特性,要根据研究视角和观察位置来变换其特性。但是这三种特性越是巧妙地交叠在一起,它代表的意义就越深刻。特别是"C. 穿透性——中间区域",我认为在扩展墙壁的意义层面是很重要的特性和关键词。正是因为有了第三个特性,前两个特性才会发生多样的变化。由于墙壁也存在于梁柱空间的无限定性和透视性之中,即使对着可视的墙壁,也可以把它和不可视的墙壁的意象连接起来。

这是对墙壁的固有概念的一种重要尝试。这就是我写本文的第三个目的。

沙漠之墙 阿伊特·本·哈杜杜

靠从当地的居住环境中收集到的素材来进行建筑，这在原生态建筑中经常能看到。我们身边就有大量用木材、竹子、茅草建造房屋的例子。支起柱子，搭上梁，只要建好框架，后面再使用各种板材对骨架进行填充就可以了。所以，对于习惯了这种建筑的人们来说，很难去想象建筑中没有梁柱结构。

在那些树木稀少的土地上，人们用身边最常见的石头、泥土、沙子为素材建造住房。有些地方只有矮小的灌木和竹子，于是人们把这些灌木、竹子编成芯材，再糊上沙子刮泥浆，一面墙就成形了。在那些弄不到大树做横梁的地方，人们很早就想出了堆叠材料，把墙建成和屋顶相连的拱形屋顶或穹隆屋顶的办法。沙漠地区更是连石材都找不到。所以人们把沙子和泥土混合在一起，在太阳下晒干，做成土坯砖，再用它垒墙。在沙漠这种干燥少雨的气候环境中，只要把砖做得厚一些，就能延长使用年限。沙漠里用这种晒干的砖做成的建筑可以建成四五层楼高。

沙质墙的第一个特点是，将与房屋地面相同的素材用于建筑，而且各家各户都使用相同材料连接在一起形成建筑群，出现了与梁柱结构建筑完全不同的建筑素材同质化的现象。大地、沙丘、各户建筑的墙壁全部使用同种素材，打造出的风景呈现出一种不可思议的统一感。沙漠地带的古城卡斯巴就是一个墙壁复合体，它那整齐划一的景致是一眼望不到边的。

翻过横贯摩洛哥、阿尔及利亚的阿特拉斯山脉（东西走向）向南前行，在山脚和沙漠的中间带状地带，阿特拉斯山的雪水转化为潜水，形成了通往沙漠的道路。潜水在被撒哈拉沙漠吸干之前再次显现于地表，形成了数量众多的绿洲。绿洲指的就是依赖潜水培育出的椰枣林的宽度，也就是一个居住范围极其有限的需要自给自足的村落。这个被限定了范围的生活圈并不是一个能无忧无虑生活下去的环境。它需要人们与外界的风沙、暴晒、干燥进行对抗，来守住自己的居住领地。人们通过紧紧地贴在一起来保住这个高密度的专属生活空间。为了守住这片绿洲，抵挡风沙和强烈的日晒，人们给这片区域围上了两层甚至三层的墙壁。

在这个高密度的堡垒内部，每户住宅都是紧紧贴合在一起的，以至于几乎无法分辨出各户人家。正是由于多重墙壁的存在，才增加了识别每个房屋个体的难度。就算站在主要道路上，若要靠近住宅群，就必须沿着沙子做的墙壁往深处走，在昏暗的空间里摸索前行。好不容易找到了目的地的一户住家，却被住宅群中用来加固外廊、保护中庭的那些"迷宫路"引着

走到了屋顶。

　　沙子墙壁的坚固度和脆弱度是由墙壁的厚度和多层性来计算的。既有很薄的沙子墙，也有将近一米厚的墙，它们共存于一户建筑、一个村落之中。有的房屋带有凹形边饰和浮雕纹样。可以想见，这一定是被不断风化的结果。越是要提高房屋内部的居住性，就越要把墙壁建得很厚，要将几层墙壁重叠在一起。这种墙壁紧紧地包裹着村落，保护着人们居住的领域，将人类生活的场所与同质的大地、流动的沙子隔离开来。于是就出现了城寨的样貌。

都市之墙　　　　　　　　　　　　奥斯图尼

　　说到中世纪城市，我们就会想到封建领主为了保卫自己的领地而建起的一个个城堡。从 10 世纪开始的三四个世纪里，筑起外城墙的城市在世界各地大量出现。这是出于争夺领土和守护已有战果的需要。而另一方面，这也成为了试验"聚集而居"的一种契机，并逐渐获得了普遍性。

为了守护自己所属的集团，人们需要开动脑筋去建一个拥有最高密度的居住空间。在这个高密度空间里，为了使市民生活更加便捷顺畅，人们反复试验，不断摸索，为了将"城市"这一概念转化为现实，大量基础技术在这一时代迅速发展起来。当然，城墙也使城市变得封闭，导致了不洁生活习惯的形成、疫病的流行和市民的排外意识等。这些制约城市发展的因素，也正是人们需要去克服的。

　　中世纪的城市都带有坚硬牢固的城墙。虽然有像万里长城那样的具有划出领土作用的巨大城墙，但是大多数的城市外墙是根据城市规模和生活圈的大小建起的尺度适中的城墙。它紧紧地包裹着一个生活共同体。城墙之所以从最初防御的功能逐渐扩展了它的意义，很大程度是仰赖于这个生活共同体的尺度。在满足防御需求的同时，根据墙壁的几何学原理，诞生了许多理想城市的方案。正是由于这些外墙的存在，才描画出了更为高级的城市影像。

　　自中世纪以后，城墙的防御功能逐渐消失，可仍有很多城市有效地利用着某些形式的城墙。近似于保留遗迹。像罗马、巴黎、米兰、维也纳、阿姆斯特丹、马德里，还有北京、首尔，城墙的遗迹不得不留在了现代，却也成就了各有特色的现代都市。所以说，城市之墙变得能够"反哺"城市，为城市增姿添彩，都是在城墙失去了原始功能的中世纪以后。

　　奥斯图尼位于意大利的阿普利亚省，是沿着亚得里亚海岸的一片高地。附近还有洛科罗通多、奇斯泰尼诺等规模相似的城镇。这些小镇的外城墙都还执着地屹立在那里。但是从 13 世纪开始，这些地方也渐渐从封建社会中解放出来，城墙的意义也在发生着变化。墙还是那片墙，但是表情变了。城墙开始睁开眼睛眺望外部的世界，形成了城市间相互关照的关系。其结果是，大大促进了城市间的同盟和交流。

无论是奇斯泰尼诺的长方形城墙，还是洛科罗通多、奥斯图尼的圆形城墙，现在都变成了充满浓郁生活气息的城墙。人们的住宅依赖着城墙尽情地向外界伸展，彰显着自我。过去城墙的作用是将零落分散的个体整合团结起来，而现在的城墙是用来表达城市内部的丰盈，充当城市生活的精神支柱。曾经将城市有力地包裹起来的城墙，如今成为了表现城市内部生活的城墙，因此城墙的存在具有特别的价值。

广场之墙   锡耶纳

"城市里空出的空间之所以被称为广场，主要是因为它有着清晰的界限，封闭且固定。但是现如今，不见了过去那样用四条道路围成的广场，那些新建起的分散于各处的空地竟然也被随意地称作广场了。"这是专门进行广场研究的学者卡米罗·西特在1889年写下的文字。正如西特指出的那样，我也认为城市的广场呈现出一种无限制开放的趋势。针对这个问题，有关建筑内部的广场和中庭空间的一些试验，让我们重新认识到广场围合性的重要意义。广场在公共生活中发挥着重要的作用。广场上聚集着教堂、公共设施、市场等建筑，这些建筑的围合作用，使得广场变成了日常生活的据点、城市休憩的场所和城市的会客厅。因此，广场需要产生出一种适度的封闭性。这种封闭性表现在，当容纳众多民众参加仪式庆典时，既要热闹，又要保持一种安定感。

建于 14 世纪的意大利锡耶纳的田野广场就是一个完美平衡了热闹气氛与安定感的城市广场的杰作。迄今为止，已经有众多学者从各个角度对这个杰作进行了解析。它的特点可以举出很多，其中最大的特点莫过于环绕这个贝壳形广场的建筑物墙壁了。广场上建筑物的墙壁可以分为两个类型。一类是位于重要位置的市政厅、曼吉亚塔楼以及夹在它们之间的礼拜堂，这些公共建筑群是一排整齐的墙壁。而另一类是面对着公共建筑群的住宅建筑群，形成了弯折九次的扇贝形，是一道连续的曲面墙。这一系列的建筑具有整体性和统一感。虽然每幢建筑是各自独立的，无论是高度还是窗形（原则上要与市政厅的窗户相协调）都不

尽相同，但是随处都体现着设计者为使这一系列建筑更具有整体性而运用的匠心。把墙壁打造成这样的目的正是要将广场封起来。由于广场依山地的自然状态而建，因此有一些倾斜度。如果不用上述的方法做调整，那么广场就会"敞开"。设计者将墙面打造成向心式的效果，为的也是使广场具有闭合性。将广场的正面设计成坚固高大的半圆形背景墙，而将相当于观览席位置的住宅墙做成具有较大弧度的墙，这些做法都是为了制造出一种封闭的环绕感。设计进入广场的道路也竭力避免去破坏广场墙面的围合性，于是广场的入口就设在了住宅墙的一侧，那是一条隧道状的巷子，真是一个简明的设计！住宅墙壁的厚重感、单调却有吸引力的墙壁表情、反复出现的一幢幢小屋的窗户、一楼小摊位的平直排列……这些广场的主角们全都装进了广场的墙壁之中。恐怕广场学的不足之处就在于只关注了广场的尺寸比例、围合度，却没有涉及包围广场的墙壁。而田野广场的墙壁恰恰在向人们讲述着这些道理。

迷宫之墙 米科诺斯

我们常把具有连续性的、未经整合的、不清晰的非透视空间，形容成"像迷宫似的"。一般来讲，建筑在某种意义上都以追求整合性、统一性为目标，一直以来依靠人类高超的技术，不断补充和强化了对抗自然的概念，这是西方的建筑思想。而在东方的建筑思想中，恐怕也有人愿意去追求更为非整合性的、有机的空间。但是大多数情况下，无论在东方还是西方，以整合性、透视性为基本指导思想的做法是别无二致的，这仍然是现代空间设计的核心。

　　那么我们所说的迷宫是如何产生的呢？我们可以想到两个极端的建造法。一个是人为地去建造迷宫，另一个是借助原生的自然环境去建造。通常人们会想，在那些能接连带给人迷惑感的道路中，一定都隐藏着某种能连续引发人的错觉的结构吧。其实，这种与"选择""错觉"相连的结构不是隐藏性的，而是外露的。我们接下来要说的墙，就具有这种结构。下面我们就来讲一个用墙壁建造迷宫的例子。

爱琴海上的小岛米科诺斯，是一个依靠墙壁结构围起来的小镇。小镇墙壁蜿蜒曲折，包裹着人们的聚集之所。道路时宽时窄，上下起伏，连绵不断。可以说是完全拒绝"整合"与"形式"。尤其是那些丁字路、三岔路使得墙壁的重叠看起来极为复杂，但是却看不出在建造时明显遵循了什么规则。

当真正行走在小镇里时，就会明白墙的搭建是为了使空间内化。那些道路只有当地人才知道怎么走，建造墙时也是完全沿着当地人才能找得到的路而建。所以外人找不到路也并不是因为这里存在着什么"结界之门"。一旦开始沿着墙壁走起来，就无法歇下脚步。每当驻足一处时，就会想再看看更里面的墙壁长什么样子。好奇心会不断驱使着人们向更深处探索。但是这个小镇没有"最深处"，只不过是绵延不断的墙给人制造的一种错觉，好像还有"更深处"似的。走完全程，我们感受不到墙路的曲折歪斜，只感受到了当地居民的存在。

对于墙壁的内化作用，我认为当地居民或许是这样来理解的，即墙壁的外部空间也是内部空间。的确，听说当地人将住宅外面像迷宫式的空间看作自家的走廊玄关。这体现在如何设置入口，如何露出连接房间的楼梯，以及如何设置阳台等问题上。为了使墙的内化作用连续不断，连礼拜堂都特意设计得小小的，并且分散排布。这种持续不断的墙壁的流动感，被嵌入到各家各户的墙壁之中。墙壁全部涂抹白石灰浆，看起来闪闪发亮。不光是墙壁，就连地面和台阶也都刷白了。这种连续感强化了"内化"的手法。在光线均匀的照射下，这种统一的白色调越发让人充满对内部空间的向往。这就是这座城市借助墙壁的魅力，使外来游客产生的幻想。但是当地居民恐怕不会去想这些，因为他们常常要用白灰浆粉刷墙壁和地面，所以他们想的只是要做好房子的打扫工作。

住宅之墙　　　　　　　　　　　　　巴黎

　　拿破仑三世和奥斯曼的巴黎改造计划的主要目的是使巴黎完全摆脱中世纪城市的面貌。从 1850 年开始的长达 20 年的改造，是为了解决城市人口过度集中的问题，却又加速了人口集中的大潮。当然，城市需要更高密度的居住群。对于这座拥有巴洛克样式风景的城市来说，大量建造起全新的具有实用性和政治意义的高密度住宅，这项工作做得是相当彻底的。集体住宅就建成了公寓式样。典型的公寓建成六七层高，带院子和阁楼间，可以说是现代巴黎的原型。一层是店铺和办公场所，从二层往上就是居住部分，最上层的阁楼通常是给用人住的。不仅仅是公寓，形成中心城区框架的关键部位，如道路网、林荫大道、地下水管网也在这一时期进行了彻底的改造。为了建成一个密集型都市，巴黎在那个时代就已经做出了长远的规划，实施了最优的解决方案。尽管有来自外界的毁誉褒贬，但是巴黎始终保持了一种"不惧任何外界评价"的姿态。

巴黎自中世纪建起城墙之后，时隔很长时间又建起了住宅墙。为什么在这么早的时期，这座城市就开始建集体住宅了呢。由于人们对战争的反对，对市民平等权利的向往，加上城市里常常举行的房地产性质的活动。这几点因素叠加在一起，就可以解释这个问题了。

走近一些看住宅群的墙壁，会发现各幢公寓的构造规模有着明显的相似性。这是建构城市之墙的基础。但如果城市里全是形态相同的公寓的话，那么住宅墙也不会打造出今天的巴黎市容。巴黎从很早的时候就

开始追求各个建筑不同的表情，把对独栋住宅的想象、对宫殿的憧憬，都明显地装饰在表面上。尽管程度不是那么夸张，但是入口处繁复的装饰、雕刻的花纹、强调小梁托的露台，以及铸件镂空的扶手、带花边的窗户，等等，都好像在争相表现着自己。越是这种小而紧实的功利主义的建筑，就越是要把吸睛的部分表现在墙壁上。这样一来，在不断竞争的过程中，各街区就会越来越趋于同质化。建筑争妍斗丽的历史带来了一幢幢建筑物与一连串墙壁的同化。即使每个建筑物中存在比较单调沉闷的要素，却也产生了一种"整体性"。不论如何，住宅之墙变得更加考究了。

在固定不变的造型中，更要思考设计的多样性。行走在巴黎街头，之所以让人感到愉悦，就是因为建筑中隐藏着丰富的表情。当我们以这些紧凑却表情丰富的墙壁作为背景时，可以灵活使用林荫道和直线眺望的视角。当城市周边开始建起高层公寓时，保守的巴黎市民们为了保护原有的这些墙壁而直言争辩："有什么可以替代这些墙的吗？"这是来自这些充满自豪感的住宅之墙的反抗。

回廊之墙　　　　　　　　　　　　　博洛尼亚

对于意大利人来说，散步是每日生活中不可或缺的。广场当然是散步的最佳场所，而回廊也是一个绝好去处。意大利人的散步习惯，据说是从 13 世纪开始的。因此，回廊也在同一时期出现在城市之中。回廊的意义远不止"散步的地方，远离车道的步行区"那么简单。借助于散步，人们在回廊中邂逅、闲谈、喝茶、挨家商店询价。还有人从家里搬出桌椅，或是睡觉，或是看书。沿着回廊的全都是小商店。晚饭时分，各家餐馆就像使用自家的食堂一样利用这个回廊空间。这样一看，回廊完全就是为了每日生活的流程而存在的。在带有回廊的城市里，日常生活中最有朝气的部分，几乎全都是沿着回廊这个长长的空间展开的。

　　我们可以将回廊理解为有着气派的拱形结构，带有漂亮装饰的一种道路。但另一方面，回廊还可以增强观景的效果。它与两种观景效果有关。人站在回廊之中，从列柱或隔着拱形结构看街道，这就好比画框和画的关系。类似于从露台、凉廊的位置看风景。另外，人们还可以通过回廊看到一条光影交错的道路。

这是由于列柱与拱形结构本身带有节奏属性，会产生一种强烈的透视效果的缘故。如果是一处宽度为 3 米的回廊，那么从 15 米远左右的地方眺望过去，回廊的列柱就像是洒下阳光的墙壁。无论是直线还是曲线，都能产生一种迷幻的风景效果。

如果从领域的意义上来概括这种效果，那么回廊可以说是一种"具有中间属性的空间的连续"。所谓中间，是指处于住宅（个体）和街道（集团）的中间。这个中间体的墙壁，具有以人为本的力量，自古以来就一直发挥着作用。认识到这一点，我们就应该赶紧修正以往那种根深蒂固的错误认识，即把空间只划分成个体和集团的"两分法"的错误意识。既然回廊作为中间领域的墙壁，那么我们就能够提出"以回廊为基轴来思考环境和城市的重要性"这一论点。

中间领域与模糊性具有不同的性质。中间领域和日本建筑中常见的内部与外部自在融通的模糊性不同，说到底是一个具有独立性的存在，是靠清晰的形态和功能架设起来的结构。这种独立性使中间体显示出了很强的连贯性和一体性，能够成为遮挡敏锐视线和行动的墙壁。将通透空间包裹起来的回廊中，藏着对人们日常生活的包容力，是人们永远信赖的空间风景。

透明墙 纽约

从 1910 年开始，摩天大楼在曼哈顿拔地而起。1930 年的克莱斯勒大厦、1931 年的帝国大厦掀起了建设摩天大楼之风。同样都是讴歌铁、玻璃、混凝土时代的作品，却是包含石块堆叠设计的现代建筑。诞生于垂直都市中的美国原版摩天大楼出现在第二次世界大战以后。时至今日，让来到纽约的建筑师们驻足的建筑群利华大厦（1952年）、联合国大厦（1953年）、西格拉姆大厦（1958年）等是第一波。这种在美国雄厚财力与强大技术支撑下诞生的全新的美国型建筑样本，成为了后来各国争相模仿的原型。

纽约整个城市晶莹剔透的冰冷感，不用说都是靠这些超高层箱式建筑打造的。真正显示纽约特色的，当属从第五大道至公园大道一带无数的玻璃幕墙建筑群。在新时代的城市景观中建起了透明的玻璃墙景观纪念碑。纽约的玻璃幕墙景观成为了世界上众多城市效仿的对象，但是从完成效果上看，却从未被超越。

当建筑物摆脱了厚重的墙，就会给人一种自由自在地追求空间扩展的印象。一旦解决了梁柱和墙壁的分离、铁与玻璃的力学技术难题，那么这个理想就可以变为现实。当轻量化变成了可能，工业生产变成了可能，系统化变成了可能，缩短工期也就成为了可能。我们追求的功能性看上去会给我们带来无限的解放。后来功能性被当作功能思想的代名词，也是因为只有"功能"这个方面是独自领跑，一马当先。

抛弃了厚重的墙壁后，纽约用玻璃幕墙打造出了全新的景观。这与玻璃空间所具有的能将透明透视、内外隔离和整合功能很好地结合在一起的作用相一致。将它作为风景来看的话，从无机的墙壁群里可以明显感受到空间的气息。说得极端一些，那是白昼与黑夜，再加上黄昏风景的微妙气息。透明的墙壁将彼此毫无关联的人们和房间内部都变成了风景，并使之显露出来。即便没有人影，玻璃墙透出的灯光也会告诉外界，屋里还有多少人。灯光将内部的情况全部传达给了外部世界。从黄昏到夜晚，室内的情形在时时刻刻发生着变化。如果是在白天，这种连续的玻璃墙面就如同互相对着照的镜子一样。对面的墙映出这面墙，而这面墙又映出对面墙反射出的风景。在那些高大得需要仰视的大楼墙上，映出了天空。玻璃墙壁将自然之景扩大化了。墙壁之间仿佛在互相交流对话，这就是纽约的墙。

树木之墙   巴黎、罗马

人类集团的规模越大，环境的人工化程度就会越高。随着人工化的进步，长期居住在那里的人们对于自然的热爱之情就会越发强烈。绿色的公园是公共空间的标志，郁郁葱葱的行道木是拥有湿润环境的标志。我没有看到过对林荫路长度进行比较的数据，却经常见到公园面积、公园绿化量平均一个人多少平方米的比较数据。连纽约人均都有 19 平方米，东京却只有 1.2 平方米，而在伦敦人均将近 30 平方米。这都成为量化城市质量的数据。但遗憾的是，更为人所熟悉的与日常生活密切相关的行道木的比较数据却极为罕见。我觉得如果按行道木来算的话，

结果会和公园面积比相反。巴黎几乎是伦敦的两倍，东京也会超过美国。

行道木并不是生活中不可缺少的。尽管它在卫生保健方面有很大作用，但不能仅从这方面论及它的作用。行道木既满足了人们所追求的与大自然的连带感，也是人们感受四季变化的媒介。通过行道木，人们可以感受到心灵的愉悦和满足。说得夸张一些，应该把行道木的这种情感效用，看作文化生活中的一种价值，而不是一种功能。因此，对于行道木的培育，一般来说就算是热爱绿化、热爱自然的人也不会显示出强烈的关心，认为它只是沿着大街种植的树木。人们会把它当作公共设施来对待，而不会放入现实生活中。只是越是这样想，恐怕就越应该谈谈行道

木培育过程中包含了政治和经济在内的生活文化的质的表象。

　　公园的树木可以从绿化的量上来观察，但是行道木却很难从绿化量上来把握。如果种上三列或四列，才可以称得上"够量"。单排的行道木不会给人"量"的感觉。对于绿化来说，能计算出"量"来会比较一目了然。可是衡量行道木时，我认为用"量"不如用"列"，用"列"不如用"墙"。相较于绿化量、面积，更应该加上"列"与"墙"的思考维度。从林荫路的长度、行道木间隔的疏密、绿色墙壁的连接性这几点进行评比更为恰当。林荫道是反映四季变化的天然墙壁。当树叶脱落时，就会形成一条柱廊。开花时，会变成花海的隧道。树叶繁茂时，会组成一道浓密的绿荫墙。这道长长的洒落着柔和光线的墙，对于街区景观的整体性起到多么重要的作用啊。那些各不相同的街道通过行道木整合起来，缓缓地连接在一起，这种经典的样例不胜枚举。在欧洲，从 17 世纪开始才出现真正的行道木。在我看来，日本各地行道木数量很多，从行道木的历史来看，要比欧洲早得多。那么，当下日本的"绿色墙壁"是怎样的状况呢？这是一个值得思考的问题。

街巷的构造

维琴察的奥林匹克剧院舞台背景是城市。安德烈亚·帕拉第奥将舞台设计成城市的街巷。那是一个永恒不变的戏剧空间，而几条道路交汇的舞台跟前的空间看上去像是街巷口。但实际上，主舞台据说模拟的是宫殿的正面或是宫殿的大厅。

如果看成街巷口，五条（若再加入两旁的两条路，应该是七条）狭窄的道路可以看作小巷，是从大街外部眺望大街内部的风景。但是如果看成是宫殿的内部，五条道路可以是透过五个门看见的远处的巷子，或是从街道尽里头的房子望向小巷对面的城市中心。

不管怎样去理解舞台的意义，这个"城市的背景"被描画成了一个有深度的舞台背景。如果帕拉第奥或是协助他的斯卡莫奇的设计想法是从宫殿眺望街道也罢（我个人武断的见解是设计者兼有这两种意图）。这个舞台的布置借助几条小巷，可以同时让观众看到建筑和城市的空间。或者说，通过把建筑和城市、房屋和街道重合在一起，巧妙地设计出了戏剧舞台。

通过突显"城市"这一背景，赋予戏剧真实性。这种构思确实反映出了文艺复兴时期极为开放的市民意识，活现出了当时的时代风貌。但是，以小巷为媒介，为观众呈现出了建筑和城市始终相连的感觉。这个奥林匹克剧院的主舞台毕竟只是些街巷，并不是舞台的主景。这些通过远近画法进行强调的歪歪曲曲的小巷，是支撑戏剧中街区意象的重要元素。在此处，却不是演员们能真正进入的空间。

　　街巷从很久以前，就是城市中房屋集中地带所不可缺少的。作为支撑城市空间的要素，它并非显露于外部，而是一直被当作城市幕后的景观来对待。19世纪初的文学作品尤其喜爱描绘生活在城市缝隙中的人群的生活状态。为了刻画人物，常将舞台设定在街巷。可是对街巷的景色却不进行正面评价。就如同奥林匹克剧场的小巷，是城市中必不可少的阴影地带，却无法成为表现戏剧主角的现场。不仅如此，从那以后街巷都作为城市空间的从属要素，到头来被当成无用的部分或是负面场景而被敬而远之了。虽然这种状态没有持续很久，但是现代主义的趋势就是"把城市中'阴暗的深处、背光的地带'驱逐出去"，朝着这样的方向猛进的。

　　随着对小巷的认识逐渐深入，人们开始从正面评价小巷的意义了。但这也不过是最近几十年才兴起的。进入20世纪后，诸如瓦尔特·本雅明对"街道（passarge）"的观察，虽然有从《巴黎的小巷》描述文化论和城市论的学者，但也是极少数。而真正有意识地将小巷和现代都市的关联性进行高度评价的，就要等到城市设计、城市规划等领域建立以后。比如，从戈登·卡伦的《城市景观》、凯文·林奇的《城市意象》等著作中对人行道的关注和道路概念的活跃，可以读出这种倾向。又如，伯纳德·鲁道夫斯基那样博古通今的学者对小巷和当地固有风景进行的实证性研究，也是影响巨大。后来，结束了城市大改造时期，进入追求局部的或者质的环境的阶段，人们试图追回因过度追求现代化而失去的生活时间的感觉。这两个时期重合在了一起。

　　人们正在对小巷重新进行全面的审视。之所以这样说的另一个原因是，与这几年来盛行的"道路再发现运动"一起，进行了林荫路、带绿地的安全通道、花园步道以及廊街等多种形式的道路建设的摸索与实践。我们能从小巷的构造中学到什么？在对人行道、

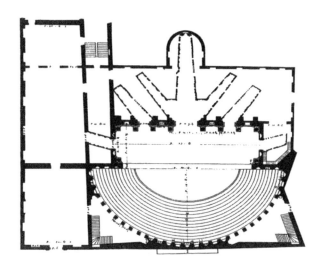

奥林匹克剧院平面图（摘自 *Renaissance Architecture*）

街巷的一个个尝试性的提案中，我们能看到来自老旧小巷的一些启示正在新道路中闪闪发光：一方面，对小巷的重新评价运动在如火如荼地展开；而另一方面，要说我们对小巷了解得有多么透彻，却也不尽然。所以我们必须要对小巷复杂而又微妙的结构进行持续的多角度的观察和研究。

这时，我们首先能做的是，找到自己周围那些充满生命力的小巷，置身于其中，从它的内部进行仔细的观察。要采用走入小巷中，以它为主景，来观察建筑和城市的视角。不是从街道或者房子中看小巷，而是要将戏剧舞台移到小巷中，去发现隐藏在小巷中的多种多样的构造。小巷的构造不可能是明快清晰的，也没有一定之规。每条小巷都带有所在地域的独特烙印。为了能发掘这些，必须要把小巷置于好比戏剧舞台的"前景"位置来关注。

基于以上的一些观点，我选取了五个地域（安达卢西亚、阿普利亚、基克拉迪和另两个城市）中的八个村镇。走进它们的街巷，从小巷中凝视住宅，眺望城市，记录下对风景构造的观察。

可以看见中庭的街巷：安达卢西亚的小巷

科尔多瓦

小巷中充满着很多不起眼的东西，或者说巷道是由一些再自然不过的日常事物组成的。这里的单个建

筑规模很少有比一栋房屋更大的。但因为这种让人产
生亲切感的小巧尺寸建筑聚集在一起，填满了整个空
间，所以有时也会产生一种整齐划一的连续感。但是
在这种连续中，一切都是司空见惯的东西，即使有一
些醒目的元素，也会被很好地包裹在整体结构中，而
不会有鹤立鸡群的感觉。部分与整体的关系就是由这
些普普通通的东西所组成的"柔和的协调感"。

从罗马文明到伊斯兰摩尔文明，再到基督教文明，
伊比利亚拥有极为复杂多变的历史。在安达卢西亚的
城区里，能找到将三种文明很好地混合在一起的例子。
即使是一些很寻常的东西，由于身处在这片拥有多个
文化层的土地上，在一个普通的混合体中，每种文化

科尔多瓦（Cordoba）清真寺周边（1000m×800m）的道路

科尔多瓦的街道

都会拿出自己最擅长的表现形式，而这种独特的手法也反映在了小巷的表情上。

科尔多瓦因矗立在瓜达尔基维尔河畔的大清真寺而闻名。城市以清真寺为中心发展起来。清真寺旁边是一个面积达几公顷的犹太人区。那里是被科尔多瓦特有的街巷空间全面覆盖的地区，是与摩尔人的街巷建造法，也就是北非老城旧街中能看到的、由数条小巷交织构成的网状地块将民房连在一起的犹太人街区。这里的小巷宽度通常只有3米左右，刚够一辆小轿车勉强通过。小巷的蜿蜒程度虽然谈不上百转千回，但如果离开了清真寺的高塔和小广场等标志建筑的指引，仅沿着面对小巷的一户户民居行走，还是很容易迷失方向的。两侧的民宅夹成了小巷。这些民房都是清一色的二层建筑，漆成白墙，家家户户都有中庭。同样的特点，在格拉纳达的阿尔罕布拉宫北丘的阿拉巴辛老区，以及塞维利亚的圣克鲁斯区的街巷中也可以看得到。但是科尔多瓦的小巷还有另一个特点，就是从小巷可以看到民居的内核——中庭。

小巷绵延的墙壁上点缀些许常见的装饰物，看上去似乎不够风雅。漫步于小巷间，就会接连走入一户户民宅的宽敞入口，顺道参观里面的中庭。当然那一个个铁格子门似乎在昭告游人：此处为私人领地。

但是由于在每一个小空间里，都镶嵌着漂亮的花砖，装饰着各具特色的花盆和五颜六色的花朵，不由得让人把这一个个多彩的空间看作小巷空间的一部分。

现在大部分院子都覆有玻璃或帐篷式顶盖，把院子当作客厅使用。中庭如同一块镶嵌的宝石，将小巷与房屋内部连在一起。对于游客来说，既可以充分地欣赏每户房子的外部结构，还可以偷偷窥探一下房子内部。这就是科尔多瓦小巷特有的构造。

带凸窗的小巷：安达卢西亚的小巷　　马拉加

作为小巷的重要元素之一，住宅的窗户所具有的意义是不可估量的。而这其中，在狭窄的小巷中向外伸展的凸窗和露台，对于完全改变小巷的表情起到了重要的作用。我们所看到的小巷景色，其实就是顺着小巷延伸下去的一个狭窄的视野范围。在这一视角下，房屋的排列哪怕是有轻微的凹凸，也会被敏感地捕捉到。凸窗的出现，打乱了小巷特有的观察视线，为呆板的一成不变的景色注入了活泼的气息。

仅就安达卢西亚来说，凸窗的种类就五花八门。既有乡间小镇那种用木头石材组合而成的外凸较少的简朴样式，也有城市中用铁和玻璃做成的宽大且外凸较多的样式，种类繁多。无论哪一种，都是调节室内采光和通风换气所必需的。特别是狭窄小巷中的通风必须要配有吸收风动的装置。将凸窗的梯形两边做成开缝状，可以自由开合。因此，当行走在小巷中时，映入行人眼帘的凸窗不仅仅显示着一个个房间，也显示了房子内部的凉爽状态。特别是在炎热的夏日里，带有凸窗的小巷总是能让人感觉到一丝轻柔的凉意。

凸窗给小巷带来的效果还不止于此。站在凸窗外部看凸窗内部，也可以感受到与在凸窗内部同样的视野。行人无须走入其中，凸窗就起到了"眼睛"的作

马拉加（Malaga）、Jose Antonio 周边（600m×600m）的道路

用。从凸窗向外眺望，甚至比自己亲自在外面走的视
野还要开阔。至少小巷对面的风景，还是凸窗这只"眼
睛"看得最真切。

　　马拉加是一个较大的港口城市。中心城区全都是
五六层的建筑物，但是街区的道路构成却极为复杂，
就像是由众多条小巷交织而成的一张网。这些五六层
建筑相夹而成的道路显得十分逼仄，称它们为"小胡
同儿"更加贴切。而这片道路空间最大的特点就是凸
窗，在这里甚至有一种像乡村街道被放大了一样的感
觉。极其庞大的凸窗数量和规模，稍稍使得都市的街
道转换成了小巷的风景。

　　马拉加的街巷，从 19 世纪到 20 世纪，多用铁和
玻璃搭建的凸窗作为装饰。之所以特意强调它是装饰，
是因为安在高大石墙上的凸窗都具有很高的透明性，
使小巷的墙壁上映出了
热闹且不规则的反射。
特别是用来装饰建筑物
转角的垂直状的类似水
晶的透明部分，体现了
设计的卓越之处。使得
建筑本身甚至整个小巷
的景色都变得轻快起来。
凸窗的通风换气、开闭
结构也随之变得复杂。

马拉加的后街

就算现在来看，也是小巷必不可少的设计要素。它不断激发着信步于小巷间的人们去想象：从这里眺望马拉加的海边和街道时，究竟是怎样的风景呢？

带死胡同的小巷：阿普利亚的小巷

奇斯泰尼诺

越向小巷的深处前行，越会感受到小巷空间的浓密度在提升。空间并没有越变越小，房屋的排列也并没有变得密集，但是就会感觉小巷空间变得有了自己的纹理似的。这和物理上的密度、闭锁感还不同，而是与行走在街上的距离和时间有关系。我们把它理解成与小巷的构造相关即可。

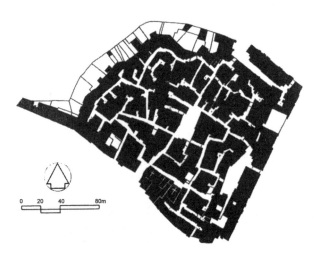

奇斯泰尼诺（Cisternino），旧城区的道路

　　穿过长度 50 米左右的小巷，很少能感受到这种空间浓密感。在长度超过 100 米，曲折蜿蜒的小巷里，走上 5 分钟就可以切身感受到浓密的小巷空间了。而且不会受到小巷其他部分的影响。我发觉，如果要提升小巷的浓密度，那就需要隧道和死胡同那样的结构，特别是死胡同，通过将浓密空间做一个终止，产生出为道路打上休止符的强烈感受。就在那个高潮处，让我们看到了小巷各种各样的终结方式。当前方即将无路可走时，会用一个吸引人的标志物和建筑物来为道路作以终结。或将空间拓宽，让道路朝向天空终结的。又或者把道路立体式地吸收进房子，使小巷最后仿佛消失在不同的几户民宅中了。如此种种，不一而足。

　　奇斯泰尼诺是位于意大利南部亚得里亚海岸阿普利亚地区的一个小城市。这个面积 4 公顷左右的古老小城，真真正正是由一条条含死胡同的小巷组成的。同样是在阿普利亚地区的马丁纳弗兰卡有 160 个死胡同，洛科罗通多也有上百个。但是相较而言，在地域更为狭小的奇斯泰尼诺也能拥有同样的小巷网络，不得不说这里才是最经

奇斯泰尼诺的死胡同

典的"死胡同的小巷"模型。

选取这里的小巷要素来看，大大小小的死胡同共50处。主要用于拓展道路尽头的空间，增设出较为宽敞的区域，使道路能以一种比较开阔的形式终止。在这样的死胡同里，楼梯和阳台搭建得很集中。高度不同的楼梯和平台在眼中交错，使得视线不断上升。道路从原先的小巷变成了公共的楼梯，从视线上实现了从水平到垂直的转换过程。

除此之外，这座小城里所建的小巷中，长度从4米到10米不等的拱形隧道共18处，横跨小巷两端的扶壁25个。除了死胡同之外，小巷中值得一看的地方还有十几个。带拱形露台、纵深3米以上的凉廊42个。小巷的分岔基本采用三岔路形式，有60多个三岔口。仅用这些数据，恐怕还无法准确地解释小巷的构造。但这些数据却能说明，依靠如此多的要素才能建造出一个经典成功的小巷。那么，一个令人感动难忘的小巷需要哪些配置呢？

立体交叉的小巷：阿普利亚的小巷　奥斯图尼

这里的小巷建造得非常合理，但另一方面也有浪费的地方。这是因为小巷本应是充满了与生活功能紧密相关的事物的，但实际上却处处设置了游兴的形式和空间。这与"胡同虽然是公共领域，却隐藏着极其私人的空间；胡同其实是受私人的形式所限定的，但却被很好地整合成了公共的面貌"的这一矛盾有关。

位于丘陵地带城市中的小巷带有楼梯和斜坡，小巷原本带有的封闭感和狭窄的视野，借助这种地形得以打开，使得视野变得通畅，带来了一种不可思议的开阔感。在这样立体的小巷中存在着特有的浮动轻盈的空间。光线好的道路都集中在那里。由于视野总是朝着一个方向敞开，因此可以确认自己已经走过来的路和将要行进的路。在这样的小巷中行走，就可以大致清楚自己所在的位置。

在立体的小巷中行走时，行走速度、上下坡时产生的疲劳感和在平地上走路是完全不同的。像楼梯、坡道这样的中转平台数量会增多，所需数量是平地的

奥斯图尼（Ostuni），旧城区的道路

奥斯图尼的隧道小巷

近两倍。可是，反而更应该将小巷空间的休息处建成开阔的氛围。这样一来，就成了配有立体阳台的立体广场了。

位于阿普利亚的奥斯图尼是一座小城，如同一个戴在山顶上的王冠。由于这里地势起伏的缘故，奥斯图尼的三岔路、死胡同等系统不能将小巷包裹上。因此，奥斯图尼的小巷有两种类型，是两种特点截然不同的小巷组合，但都是为了顺应高低地势差而形成的。一种是以螺旋式不断盘绕在小镇上，并逐渐上盘至山顶的斜坡路；另一种是向心式地通往山顶的楼梯路。正好可以把它们看作"女士路"和"男士路"的组合。女士路以平缓的坡面似螺旋状一圈一圈环绕于小镇。左手边的房屋和右手边的房屋是存在高度差的，利用这种高度差，在路上架设起的房屋隧道状的小巷延绵不断。也就是说，螺旋状的女士路如同是钻进房子里似的。而男士路的楼梯小巷就做成了一处处休息空间，好像是阳台的立体集合。在男士路和女士路每每相遇之所，就会看到形态各异的小巷风景。

如果行人选择了女士路，就可以体会徐徐进入小镇内部的乐趣。钻过一户民房，感知整个小镇。如果选择了男士路，就可以站在一个个立体的广场上进行眺望。一边观察小镇与地形的关系，一边沿路前行。在实际的生活中不可能像这样进行"全选"，但是奥斯图尼的美，就在于它拥有性格迥然不同的两种小路完美编织成的街巷。

白色小巷：基克拉迪的小巷　　米科诺斯

人们描述小巷通常会把它和"阴影""背光处"联系在一起。但是也有拥有格外明亮影子的小巷。当然，这种情况也无须让小巷失去它原有的阴影属性。原本，人们对小巷多是从"阴影"和"背面"进行评价，它的阴影被赋予了很多价值。但是如果将小巷的性格

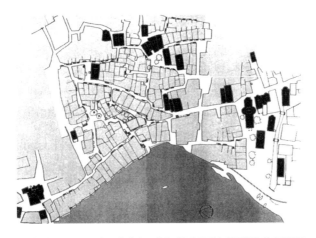

米科诺斯（Mykonos），沿海住宅区的街道（参见彩色插页部分的实测图）

米科诺斯的白色小巷

只理解为"暗影"这一种，那么这种一元性的思考方式本身就是有问题的。只谈论小巷的危险性、脆弱性和它颓废杂乱的一面是错误的。

在这里之所以特别使用了"明亮的影子"，一个看似自相矛盾的说法来形容小巷，是因为小巷自身带有模糊性。而这种模糊性中既包含了"明"，也包含了"暗"，所以才可以用明亮等字眼来描述小巷。"白色小巷"或者拥有"明亮影子"的小巷，可以以爱琴海上的小岛米科诺斯为例。但是现在对这座小岛进行旅游度假区的开发有些过度了。不仅是海边的散步道，就连延伸到内部的白色小巷里也开满了商店。很多房子都改成了简易民宿和大众食堂。但是我们应该从反面思考这种现象，为什么爱琴海岛上的这个小渔村会如此受世人的青睐呢？我认为这与它拥有明亮影子的小巷息息相关。

米科诺斯究竟有什么魅力？首先，它地处爱琴海之上，位于希腊神话之岛得洛斯岛的正大门，拥有绝佳的地理位置。环抱海湾的小渔村覆盖着起伏和缓的丘陵。这座白色小镇的景致与人们对地中海的印象完全一致。但是如果只是从这几点来看，除了米科诺斯，还可以举出很多类似的小岛来。究竟米科诺斯为什么会成为人们心目中独一无二的首选呢？这样一想，这个小渔村所具有的村落性质值得被大书特书一番。在这个 15 公顷的渔村里，能够显示村子特质的范围，就是以一个突出于海中的狭长陆地为中心，加上沿着它的两个海湾的几公顷的地块。若再缩小一点范围的话，就是从小广场到码头的散步道，再到白色半圆形屋顶的帕拉波尔蒂阿尼教堂所在的海角为止。这一块区域就是被白色小巷网覆盖的最具魅力的地方。

这块地域的小巷，以自由的角度形成三条路交汇的三岔路网。通常道路宽度为 2 米到 3 米。小巷的墙壁和铺石都用石灰浆涂白，与之相连的楼梯和阳台、从垣墙缝看到的民房、里面的房间也都涂成白色。从视觉上，小巷中的白色起到了消除狭窄、缝隙、背面、阴影的效果。宽度 60 厘米的缝隙，在光线的漫射下，变身成了微亮的小巷。游人们巡游在光线漫射下的白色明亮的小巷间。小巷的各个角落都闪着光亮，引得人们纷至沓来。越是游人如织，就越是在昭示着它作为一个白色村落的魅力。

悬崖小巷：基克拉迪的小巷　　　　　圣托里尼

小巷在诉说着建造者的历史。当人们把握了那个地方具有的特点，就开始铺设道路、建造房屋。小城和村落的架构是依时代的要求而建，而小巷的建成则纯粹是仰赖人与这片土地的情感交融和人的无穷智慧。借助小巷能够最好地表达什么是"场所精神"（genius loci）。人们运用在这片土地的聪明才智，不仅仅体现在有效地利用微地形修建出经典的小巷，还体现在如何能够在地形条件较差的场所修建出合适的小巷。

圣托里尼是一个火山岛。由火山喷发形成的断崖距离海面 300 米。从海面通向崖顶岩石，建成了锯齿形弯折的细长小路。来到圣托里尼的人们第一站是从码头骑驴登上这条小路开始的。由于驴子喜欢在靠海的一侧行走，每逢坡道弯折改变方向之时，骑驴人的身体总会情不自禁地靠向山的一侧，恨不得赶快远离脚下的"万丈深渊"。攀登火山口壁的惊险一路似乎就在向游人预告着：前往悬崖小镇圣托里尼将是一场充满戏剧性的旅行。

圣托里尼岛不只有陡峭的悬崖，还有小岛北侧面

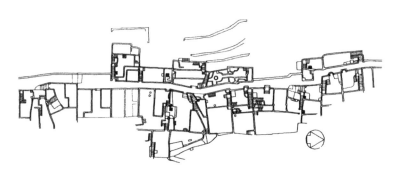

圣托里尼（Santorini），横穿悬崖的一条街道（参见彩色插页部分的实测图）

积广阔的群山。那里是葡萄和橄榄的种植区。岛上的人们将居住的区域选在了悬崖的山脊处，我们姑且不去讨论为什么人们要紧邻峭壁而居，而是要思考人们是如何把绝壁变成了居住的场所。再者，为了将这样恶劣极端的环境变成居住之所，小巷承担了怎样的工作？

沿峭壁上下时，只有两种类型的小巷。一种是呈"Z"字形（锯齿形）的斜坡式。另一种是一点点地左右弯折的楼梯式。如果做成垂直移动的道路，是无法将一个个生活场所连接起来的。因此，在这个村子里采用的手法是，尽可能做成长长的沿着等高线的水平小巷。通过这些水平路（也就是主要的小巷），住宅全部面向西边的大海而建。每排房屋前后相隔五六米远，阶梯式地叠建在一起，房屋之间刚好做到互不遮挡。

房屋的门、中庭、入口也必然朝向西侧。也就是说，水平排列的小巷的左右两侧，上层房屋中庭的墙壁与下层房屋的屋顶天台相连。从水平的小巷俯瞰屋顶、露台、中庭的景致时，总是有碧海蓝天的映衬。斜坡上房屋的内部空间有一半是挖通崖壁建成的，地上的部分就比较自由地用作露台或天井。为了能使阶梯状的房屋本身就能构成阶梯状的小巷，当初在建造时下足了功夫。实际上，在日常生活中，总能看到连接各幢房子屋顶和露台的楼梯，以及频繁上下楼梯的人们的身影。这样的道路使得人们需要横穿过半私人

圣托里尼的阶梯式民居

的空间，人们之间形成了一种时常"看见"与"被看见"的近邻关系。当看到在院子里做饭或晾衣服的邻居时就聊上几句，这就形成了一种"纵向"的小巷。圣托里尼的小巷依悬崖山势而建，以住宅为媒介，将水平和垂直两个不同方向的动态处理得很巧妙。通过把房子建成联排和重叠的样式而形成了独特的小巷走势，再加上建在悬崖断面上的房屋集合体，使得这个村落显示出了独有的壮观气势。

时间的小巷：城市的小巷   罗马

一个城市中不可能只有小巷。因为城市生活要求功能极其分化，所以无论如何都需要大动脉、主干道。因此一般来说，城市中大多数小巷都位于老旧城区和限定在主干道划分出来的小区域中。但是漫步于罗马街头时，行人产生不同于以往的感受。仿佛觉得在这个巨大城市中心的大部分区域都是由小巷或者类似小巷的道路所覆盖的。

虽说罗马是座历史悠久的古城，但是并没有延

续着古代那种生活方式，而是开拓出很多道路，并且
不断拓宽道路，同时也在进行着小巷的改造。尽管如
此，这座城市里的道路却很难看得出是在不同时期修
筑的，为什么呢？这是因为这座古老城市中的小巷都
是直接被复苏成了现代的城市景观。

　　说得直截了当一些，构筑起罗马小巷骨架的是建
筑。不仅是历史纪念类建筑，还包括随时间推移而建
起的所有建筑，特别是住宅群类建筑。这里之所以使
用"时间"一词，是因为考虑到这是罗马建筑中特有
的表现手法。纵然有很多历史建筑，却不让人刻意感
受到时间感。这在同样以石砌建筑为主的欧洲国家中
还是很多见的。从这一点来说，罗马不只是经历了罗
马时代。罗马是一个把所有时代的所有样式都混在建
筑之中，严肃地面对"时间"的城市。人们所到之处
都可以看到已经被视觉化的"时间"的踪影。说得极

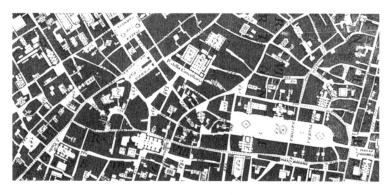

罗马（Roma），纳沃纳广场周边的道路（摘自《诺利地图》）

罗马的后街小巷

端些，就连法西斯时代，对待建筑中的时间表现都是很严肃的。

在罗马，有很多富有魅力的小巷。在这里，我们以纳沃纳广场周边的小巷为例。纳沃纳广场原本是罗马时代图密善皇帝的竞技场遗址。它还保留着最开始时细长的形状。它与一向以宽阔示人的广场极为不同，周边现在都是高级住宅区。换句话说，这个长型广场被高层建筑的墙壁所围合，其实已经具有了小巷的氛围。不只由于广场的形状，连围合着广场的建筑也与小巷的墙壁是完全同质化的。从这点来看，可以说纳沃纳广场是最具小巷风格的广场了。

从台伯河畔到斯帕达宫、法尔内塞宫门前的这条小巷，无疑是一条拥有悠久历史的街道。这条狭窄的小路，仿佛要被两边巨大的石墙包裹住似的。这里面还有花市。从整体来说，就是在罗马常见的那种石头巷子的风景。从同样位于台伯河畔的圣彼得大教堂和圣天使堡方向向东延伸的小巷中没有大宫殿，都是四五层高的石头建造的民宅。小巷从民宅中向左向右缓缓穿过，蜿蜒通向纳沃纳广场。这些小巷中，虽没有什么醒目的构成要素，但是包裹小巷的一幢幢建筑拥有巨大而坚固的石壁，展现出了时光的重叠与厚重，在石壁的纹理上表现出了一种绝妙的连续性。

　　罗马这座城市，仿佛经过了"时间之手"的细细触摸。徜徉在罗马街头的人们，会心驰神往于这座城市各个阶段的历史。回顾起罗马的整个历史，不禁思绪蔓延，就如同那小巷的石壁一般，连绵不绝。有人说，就是因为这些顽固的小巷，才使得罗马的现代化迟迟不能推进。但是有一点我们不能忘记，时间就好比从城市深处涌出的泉水。只有在时间的打磨下，才能逐渐化身为更加稀有的小巷空间。

天窗小巷：城市的小巷　　　　巴黎

　　小巷中包含了很多细微之处。常常是这些细节令小巷变得更有光彩了。当这些细节之处与小巷整体秩序无关的时候，看起来就会很杂乱。如果这些细节被天井的光直接照射，有时就会使小巷变得格外光彩照人。一条规模和长度都很小巧的巷子，当它能对周边地区环境起到重要作用的时候，通常它个性突出的细节部分都是隐秘的。因此，即使小巷的规模不大，它也能成为支撑城市情感的柔软空间。

　　能为小巷的细微处注入最强烈光芒的是玻璃顶。带玻璃顶盖的步行街和拱廊街起到了将城市内部化、将内部空间城市化的重要作用。加上都市元素不断细节化，建筑的内部元素向着城市细节化的要求不断努力。终于，通过玻璃顶来凸显细节的时代到来了。

19 世纪中叶，拿破仑三世命令奥斯曼对巴黎进行大改造。正如世人所说的那样，这场大改造是决定了现代巴黎城市之美的大事件。这场大改造为了塑造全新的巴黎形象，对当时一半以上的房屋和道路网进行了拆除。恐怕那时巴黎的里巷和小路经历了大范围重修替换，很多古老的小巷已经消失不见了吧。事实上，在同一世纪之初建造的带玻璃顶棚的拱形购物廊巷有好几条都消失了。其中一些被截断的部分现在还保留在那里。"小巷就是平民、坏人的聚集地"，这种理论在当时占据了主导。

巴黎在主干道路的内侧保留着小规模的拱廊街，在巴黎东北部地区尤为集中。从巴黎歌剧院通往东边的意大利大道、普瓦索尼大道上还保留着近十处拱廊。当

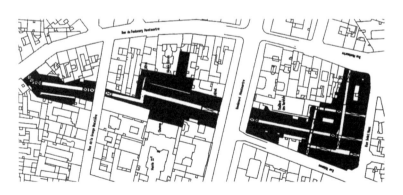

巴黎（Paris），横贯街区的三条拱廊（摘自 *PASSAGEN*）

看到它们时，似乎可以想见，在大改造以前，它们的样子应该更自然、更原生态。比如，位于巴黎 2 区的全景廊街、茹弗鲁瓦廊街、维尔杜廊街，尽管在建设的年代上有距离，但还是能看出它们三个是连锁形的街巷。

现在，这些街巷与代表国际大都市巴黎门面的那些大道相比，繁华程度虽不可同日而语，却也对周边地区的生活产生着微妙的影响，并仍然持续发挥着自己的作用。与繁华的主干道不同，像全景廊街、茹弗鲁瓦廊街这样店铺林立的商业街已经完全浸染了生活的气息，于细节之处闪耀着盈盈的光辉。廊街是一种被坚固结实的外壳包裹的小巷，在天井投射光的作用下，廊街的细节部分发挥作用，使得小巷看起来像被延长了。巴黎的拱形廊街隐藏在城市的内部，拥有适于支撑城市内部发展的规模和构造。关于玻璃廊街的诸多特性，已在"现代道路空间"中多有描写，故此处不多作赘述。

"拼命去保住城市中小巷的领地"，这对于逐渐失去个性的现代都市来说，是一个很大的教训。小巷的构造不仅可以使城市的内部结构变得更具活力，还将赋予一个城市强烈的个性符号。

巴黎的茹弗鲁瓦廊街

街角的舞台

带看台的房屋排列 第比利斯

位于里海西岸的巴库是阿塞拜疆共和国的首都。我在那里先是参观了古丝绸之路的商队客栈遗址，又参观了从波斯到印度再由印度西传的拜火教神庙等地。与它的古代史不同，巴库作为里海油田的一个据点，逢大战便会成为兵家争夺之地。所以它曾是俄国十月革命的战场。十月革命之后，苏联出于战略考量，下大力量对巴库进行开发建设。与其他地方城市相比，这里还留存着相当多的俄国构成主义建筑，似乎也在向世人诉说着它曾经的过往。巴库之旅纯属顺路而为，我此行的目的地是从巴库往东北方 1000 公里，直线贯穿黑海东北部的高加索山脉。我想，每个人都能从地球上选出一处自己特别感兴趣的地方。对于我来说，除了撒哈拉沙漠和亚马孙河以外，当属高加索山了。那里是让我从少年时期就心系梦萦的地方，也是我脑海中风景想象的源泉。或许我有些偏心，在我看来原始自然风光（当然也包括生活在那里的人和城市）保留得最好的就是这片高原。虽然旅行途中多少有些不便，但是在欧亚大陆的主要国家（俄罗斯及周边各国）中，这里是欣赏自然风光的最佳去处，因此吸引着我连续两年到访此处。

　　从巴库向西 500 公里，即藏于高加索山怀抱深处的第比利斯。第比利斯是格鲁吉亚的首都，是被高加索山脉环抱的文化之城。

　　或许是由于那里鲜有像我这样的远东地区的来客，抑或是由于体型相似又都是黑头发的亲近感，抵达第比利斯当晚，在入住的酒店宴会厅里，因为我的到来，大家又饮酒又歌唱，狂欢大闹了一番，反倒弄得我不知所措了。顺便一提，巴库和第比利斯都不是伏特加的生产地，而是享誉世界的红葡萄酒和白兰地产地。这里的酒后劲儿很大。总之，欢迎宴一直持续到了深夜。

　　第比利斯近郊有很多东正教教堂。其中古城姆茨赫塔的斯维特·特斯克维里教堂（生命之柱大教堂）和静静耸立在山石之上的季瓦里教堂，都是建于 6 世纪时的小建筑。直至今天，高加索山脉依然温柔地环

抱着宛如巨石一样的教堂背景。

结束了历史遗迹的参观，开始了城中漫步。第比利斯城位于山谷之间，蜿蜒曲折的库拉河穿城而过。城市沿着河两岸铺展开。因为这座城市的构造很容易读懂，所以给游人一种亲近感。同时，城中的建筑完全暴露于行人眼中。这些建筑在表情上有着很高的相似性，所以会给观者一种统一感。这就是第比利斯的城市和建筑给人的感觉。城市整体透着一种沉稳与安详，可一旦走近它，就能领略一道道热闹又充满活力的风景。

这座城市最繁华的街道莫过于鲁斯塔维利大街，街道两旁凹凸强烈的墙壁为大街披上了凉爽的阴影。原先沿库拉河畔建起的古老民居群却光鲜明亮。特别是从库拉河通向列宁广场的这条路上，博物馆林立。尽管如此，街区的建筑都镶嵌着木结构的精致细腻的花边儿，将建筑衬托得十分华美。

向内凹进去的阳台和中庭、尖顶的露台，皆是一幢幢建筑的独特表情。虽然保留着浓郁的生活气息，但是当这样的建筑排列反复出现时，那种烟火气像被消除了似的，使观者仿佛嗅到一种舒畅宜人的香气。这些属于建筑物表层的表现手法，不仅要作为建筑物空间结构的一部分来把握，也要作为城市的时间结构来解读。城市的时间未必只刻在石砌建筑的街景之中，也会驻留在像这样的木结构房屋的排列以及它的空间厚度之中。

中庭、露台、屋顶平台，这样漂亮的拼贴组合不仅出现在主要大道上，就连后街小巷也用这样的形式，织就出第比利斯整个城市独特的华丽感。

从整个城市中最高的大卫·加雷吉修道院建筑群所在的山丘上眺望，会感觉这座城市本身就像是架设在库拉河上的大露台，而第比利斯正是高加索群山的中庭，同时也是安放在大自然深谷间的蜿蜒的露台。格鲁吉亚的代表画家皮罗斯马尼什维利（1862—1918），因其稚拙的画风备受推崇。他笔下的风景不正是处于大自然中的这种生活场景吗？他的绘画中常描绘的高加索山的动物们也会聚集出现在人们举办的露天宴席中。能邂逅皮罗斯马尼什维利，也是我这次旅行的一大收获。

百货商店的舞台装置 　　　　莫斯科

我第一次到访俄罗斯是1967年，正好赶上"五一"国际劳动节。我站在人潮汹涌的红场上观望，红场那恢宏的规模和气势是西欧的哪个广场也无法比肩的。那富丽堂皇的建筑结构，再配上与之相称的庄严肃穆的庆典活动，我被眼前的一切深深震撼了。加上那天的风力很大，广场上红旗迎风飘扬，仿佛染红了整个莫斯科。那次旅行中我充分领略了红场的风采，的确让我非常满足，但是未能得观红场旁边的古姆国立百

货商店。因为恰逢商店歇业，只能隔着入口大门向内
窥探一番。为了弥补这个缺憾，这次我又踏访寒冷飘
雪的莫斯科，第一项任务就是去参观古姆国立百货商店。

　　红场的形状并不规整。广场本身长度为 700 米，
若要把主干道的视野也算进去，长度能变成三倍。横
宽 130 多米。而横卧在广场正前方的古姆国立百货商
店的规模绝对不逊色于广场。它面对着广场，横宽为
250 米，纵深 90 米，相当于打通了两个街区的规模。
商场的平面是由与广场平行的三列拱廊构成。第一列
和第三列拱廊的宽度为 7 米，中央的第二列宽度为 9 米，
其实并不是那么宽。商场总共有三层，里面有一个巨
大的玻璃天顶，其高度为 30 米。当谈及这座建筑时，
一方面当然要对照着红场，讲它们之间的尺度关系。
另一方面，还要牢记它作为一个围合广场的建筑，那
雄伟宏阔的规模。

　　虽然管它叫百货商店，但其实它就是由 200 个小
店铺组成的，更近似于一个市场。这个市场就像一个
被玻璃包裹起来的大洞穴。同类型的玻璃建筑，还有
诸如米兰的伊曼纽尔二世拱廊商业街。这和将整个马
路都覆盖上罩子还有所不同，莫斯科的国立百货商场
给人一种将市场空间封闭，与外部世界隔离的感觉。
商场的内部与面向广场修建的外壳基本上是完全异质
的。这样的组合让人想起了俄罗斯套娃的构造。

　　因此，从商场的外观是无论如何也想象不出它内

部的样子的。这种结构可以说是"与外部隔绝，内部
自成一体"。这正是古姆国立百货的独特之处。向天
空隆起的玻璃天顶的一道道条纹吸收的光线，在这里
是"空间"的同义词。与人头攒动和人声嘈杂混合在
一起，构成了眼前的一派壮观风景。

　　三列拱廊分别涂成了浅绿、天蓝、米色三种含有
白色的柔和色调，这个叫作主题色。每到 250 米的长
度，为了区分开，一处处拱廊就会换成另一种颜色。
配上环绕每一层的回廊和架在空中的拱桥，使得整个
空间好像发出了轻盈的回响，增添了奢华感。这种回
响明显有别于米兰、那不勒斯的拱廊街的回响。米兰、
那不勒斯的回响是一种交叉着向上升华的回响，具有
格调高雅的音乐性。而这里的回声是一种更具民俗风
情的声音。

　　就如同外乡人来红场朝圣一般，古姆国立百货商

店也是进城的乡下人青睐的商店。前去广场的列宁墓
瞻仰的人群络绎不绝，而去国立百货商店的队伍也颇
为壮观。仔细一看，许多身着各色民族服装的人们也排
在队列之中，让人不由得联想到中亚国家市场的样子。

　　游览过欧洲的人都见过这样的风景吧。回廊环绕
着广场，与广场融为一体。如果说回廊与广场是一对
传统的城市要素的话，那么红场和古姆国立百货商店
也可以说是一套传统的组合吧。但是国立百货商店是
卓越的现代产物，它的创作灵感应该是源于 19 世纪
初出现在城市中的铁质和玻璃的拱形廊或廊街，而不
是古典的回廊。使用的是使伦敦和巴黎的小巷重新焕
发生机的拱形廊购物街的方法。这种将小巷包覆起来
的方法是从 19 世纪中叶开始陆续出现在城市之中的。
把道路包裹起来就出现了拱廊购物街，把铁路包裹起
来就产生了火车站，将节日庆典活动包裹起来就产生
出了玻璃宫殿。发展到了这一步，就离把市场、百货
商店包裹起来不远了。

　　就这样，大力应用最先进技术的时代浪潮席卷而
来，涌入了遥远的北国城市莫斯科。而古姆国立百货
商店就是这样应运而生的。回顾一下古姆国立百货商
店的历史，早在 1888 年就举行了一次设计大赛，最
终选中了列宁格勒市的建筑师亚历山大·波梅兰采夫
（Alexander Pomerantsev）的设计。这是一位在接受
西方现代化方面走在前列的建筑师，他能被选中也非

常耐人寻味。作为 19 世纪大都市象征的铁和玻璃的建筑，能够和古香古色的克里姆林宫、红场安放在一起，也着实是一个大胆的创意。至此，这座现代的"纪念碑"于 1893 年竣工了。

"古姆"这个名字是在社会主义革命之后取的。在那之后，卖场延长至 2500 米，但是据说从来没有合并成一个店铺，只是曾在某一时期作为医院使用过（如果从空间上看，确实是个很恰当的想法）。古姆国立百货商店始终孕育着热闹与繁华。从计划筹建开始到现在已经经历了一百年，它一直见证着克里姆林宫和红场的变迁。从这一点来说，它作为莫斯科市中心的标志性历史建筑是当之无愧的。

踏足故地重游览，莫斯科今冬分外寒。

泉涌之城 波特兰市

在美国的这些城市中，波特兰市是我一直都很想去走访的城市之一。其中最主要的目的就是去看劳伦斯·哈普林[1]设计的喷泉广场。像这类的环境建筑都有一个特点，就是只通过看照片是怎么也看不懂的，

---

1. 劳伦斯·哈普林（Lawrence Halprin, 1916—），景观建筑师。由于旧金山海滨牧场共管住宅（Sea Ranch）中卓越的设计，而在建筑家中享有盛名。他将景观设计引入人们的身旁，功勋卓著。主要作品包括海滨牧场共管住宅、波特兰爱乐广场等。后者是园林水景设计的杰作。本书将在《第五章 和大师的对话 / 谈水景设计》中进行探讨。主要著作有《劳伦斯·哈普林速写本》。

而且也很难去想象。两个喷泉的位置关系、周边的景色以及喷泉本身的规模是无法靠照片传递出来的。这也正是我选择在炎炎夏日里（喷泉看起来格外凉爽的时候）到访波特兰的原因。

第二个原因是为了去看迈克尔·格雷夫斯设计的波特兰市政厅。为了这座市政厅的建设，还进行了一场设计竞赛，并进行了大张旗鼓的宣传。大量设计稿、模型、照片、竞赛入选的经过，以及比赛现场的照片等各种信息一应俱全，是一个面向世界进行过一番大肆宣传的建筑作品。可以说，这个作品的形象通过各种信息渠道进行了放大，因此才更需要去亲眼看看实物。

除了这两个建筑以外，这里还有克里斯托弗·亚历山大[1]在俄勒冈大学的实验。可以说，这里通过预见了在美国的后现代主义作品，而逐渐成为了一个具有独特存在感的城市。因此，我来这里的第三个理由就是想亲眼看一看，接受这一实验的城市到底有着怎样的风景（这是光靠照片完全看不出的）。用美国人的话来说，这里是他们认为养老的首选城市。

从机场开往酒店的大巴上，我看到的不是最想去

---

1. 克里斯托弗·亚历山大（Christopher Alexander，1936—），加利福尼亚大学伯克利分校教授、环境设计中心所长。他的"重构设计手法的原点"理论是对现代建筑的根本性追问。其主要作品有日本的盈进学园东野高中等。主要著作有《建筑模式语言》《城市不是树》《俄勒冈实验》等。

的喷泉广场，而是沐浴在夏日夕阳中的波特兰市政厅。在具有西海岸城市特色的商业手工业居住区中，相邻地矗立着好几幢高层建筑。在高层建筑之间，有一座被染成了淡粉色的箱形大楼，那就是市政厅。从远景来看，很像新宿车站西口高层建筑中的 NS 大厦，敦敦实实地伫立在那里。给我的第一感觉是市政厅的大楼完全同化于城市的风景中。不仅如此，特别是这幢建筑的下面几层，丝毫看不出是刚建不久的。它完美地与建筑整体统一在一起。虽然能明显看出它是大楼的一部分，因为它具有明显有别于整幢大楼的特殊形态，但是它并没有根本性的突兀感，可以使观者完全抛弃多余的想象。

正如迈克尔·格雷夫斯自己谈到的那样，这不仅因为它与周边老建筑是保持协调的，还与建筑结构比想象中的高大有关。的确，这幢建筑是由比我想象中

的要大上几倍的坚固骨架构成，没有什么装饰性，反而提升了效果，让人觉得设计手法很是大胆。

　　装饰和细节脱离了狭义的游兴意义，仿佛静静地埋进外墙中了似的。由此才诞生了这个质朴的设计吧。不管怎么说，一个本来是表层化的、粉刷风的建筑却通过转换成城市的文脉，而使人获得了一种在照片上感受不到的存在感。

　　从这幢市政厅大楼向南走一点，就能听到哈普林的喷泉广场伊拉·凯勒水景广场的水声。利用地基的高低差，以及利用流经城区东部的河流而做成的瀑布，既是声音的建筑，也是水的建筑，同时也是地质学的建筑。虽然它的大小仅有60米见方，却让自然与城市和谐共存。它所带来的活力压倒周围的一切。人们欢聚嬉闹的场面就此展开。在城市的正中央，能看到被瀑布冲刷的年轻人的身影，还有扬起水花跳入喷泉中的少女的身影。

　　伊拉·凯勒水景广场，只是哈普林作品的一部分。从这里往南走两个街区，经过一个小小的森林公园（哈普林的另外一个杰作），再到爱乐广场的数个街区为止，全部加在一起才算是哈普林的整个作品。爱乐广场的中央是一处模仿岩石侵蚀的喷泉，周围环绕着居住区，是一个平静和谐的水平方向的广场。这个广场的主角是一大群跳入水池中玩水的孩子们，而配角是终日在广场上围成圆圈跳舞的宗教团体。哈普林的广场主题是"流水"。广场上的声响和水景比想象中的更具震撼力。当围着广场绕上一圈，我便发现以喷泉的"流水"为背景，去看波特兰市政厅的话，大楼建筑中也隐藏着水的主题，隐喻"瀑布"的意象。比如淡蓝色的墙壁、窗户的层次感、公园一侧的垂直线、带蝴蝶结装饰的波浪……

历经将近 20 年的岁月，两座完全异质的建筑物却成了这个城市空间中彼此同呼吸、相依存的建筑，慢慢地竟也浮现出许多共同点。这种风景真是只有亲眼去看才能理解。

观海贵宾席　　　　　　　　　　旧金山

由于我总是坐车游览，所以我看到的旧金山都是局限在点和线的层面。正因为旧金山这座城市坡道很多，视野开阔清晰，街区分明，就以为自己已经看懂了这座城。这种想法是不对的。有一回，赶上一个周日，我打算出去走走。在踏足这片陌生的土地前，我买好了地图，做了相应的准备。

我的计划路线是，最开始从诺布山的山脚向西行，绕过太平洋高地地区向东走，接着再绕电报山一圈，随后登上诺布山，最后再去到渔人码头。我估计这样走下来刚好差不多是晚饭时间。但是最终结果是根本不可能这样来回绕。光是上上下下那些秀美的山丘和坡道就已经让我吃不消了。大部分地方都是抄了近道才走下来的。当走到海边餐馆的时候，我的脚已经累得挪不动步了。在脑海中进行规划时不觉得怎样，可真正走起来却发现这块观察区域虽然只是城市中的一小块，实际却如此之大。

在如此宽广的范围内走上了一整天，却始终让我对这个城市的风景抱有持续的感动。这样的经历并不多见，大概只有屈指可数的几个城市。但是旧金山确实是位置很好，起伏的规模也很好。虽然城区规划呈格子状，但是却看起来"混乱"得恰到好处。不，应该说整个城市的轮廓相当混乱，每个街区的质量也参差不齐，没有像一般的欧洲城市那种古老的宁静感，但这也恰恰是旧金山这座城市的魅力所在。这是我这次独自散步时发现的一点。

至于建筑如何呢？在这里找不到那一座座历史名城的建筑中所包含的庄严感。有些建筑看起来很浮华。充门面的比较多，没有什么内涵。但是这些并不宏伟的建筑群，却组合出了具有魅力的城市。它们连成一排，在建筑的凹凸变化中放射出一种异样的光彩。

我尤其偏爱那些带有自己独特风格的原材料以及有质感的东西，所以看到这些粉刷成各式各色的建筑以及混乱的建筑样式却使得城市大放光彩的情景时，不禁自问这究竟是怎么一回事？整个街区中包含着难以分辨的乔治亚风格、维多利亚风格、安妮女皇风格的建筑，还有意大利风格中的许多罗马式建筑，墨西哥风、伊斯兰风、俄罗斯风、日本风也掺杂其中，加之还有木工风格的哥特式和巴洛克式。家家户户每幢建筑中，都有各种风格的混合。这不能简单地用"折中"一词来形容了，而是一个惊人的混合体。

如果抛开了对各历史阶段的划分，那么不管是模仿还是对装饰的随意复制，也就不存在"各种样式混合在一起"这一说了。对入口门廊和楼梯所花的小心思、对凸出的阳台和凸窗进行的执拗重复，以及坚决不和邻居家使用相同装饰和色彩的决心……这些让人不得不去认同这座城市建筑设计中的这番"干瘪"的解释。这座城市中的建筑水平与"好建筑打造好城市"这个命题之间是如何产生关联的呢？这个问题颇具趣味。

在罗马和巴黎，石砌建筑街区所具有的时间性和纹理令我们着迷。那是因为我们已经习惯于从历史的

深层去认同一个城市。在那里，虽然也是一座座不同样式的建筑混合在一起，但是我们会从历史的视角去理解这种混合。旧金山，包括东京，也是靠各种建筑表现的混合组成的。只是，城市历史太短了，不可能去依靠历史的连续去补救。

细细想来，在美国的城市里，我能不断涌出这些感慨和困惑，这一点连我自己都不曾想到。在纽约是这样，在芝加哥也是如此。对于一座座建筑的感动姑且放在其次，我的脑海中一下子排成一排的城市都是美国的城市。

夜幕降临，在渔人码头的水上餐厅吃着螃蟹，从那里眺望哥拉德利广场以及罐头工厂的光景，与白天在城市中游走所见的景色仿佛交叠在了一起。这不正是美国特有的非历史的连续感吗？

美国正在书写着自己的历史，这个论调近来似乎反复被提及。但是旧金山的街区，甚至不曾让人感觉得到它的历史。不止如此，这是一个让"历史"的概念消失的城市。它将"活在当下"，贯彻始终，这正是它了不起的地方。话虽如此，当我行走在这座与日本最为相似的山城时，仿佛有种行走在了意大利山岳之城的感觉。不管怎样，从这里看到的美国景致是非同寻常的。

地中海的来信

巨大的宗教圣器   圣索非亚大教堂

我终于来到了伊斯兰世界，虽然之前也曾经来看过，但是我时常深切地想，我们在建筑史上学过多少关于伊斯兰建筑的知识？就是放在亚洲建筑史中，也是同样的情况。建筑文化知识中关于伊斯兰的部分欠缺得太多了。不仅是在教育上，还体现在社会上。在社会的某些地方，对于这种难以解释的建筑，被装饰包裹起来的非逻辑性的建筑，总有一股力量在起作用，试图不让人们去看到这些建筑。这和俄罗斯建筑在铁幕的阴影下无法看得到，原因是不同的——明显在于我们的眼光问题。

因此，我们眼中的伊斯兰世界总是看起来很新奇，

这也是没有办法的。虽说同为亚洲国家，但是从距离感来看，我们和西欧人一样，与他们有距离感。因此，与伊斯兰建筑的接触，让我体会到仿佛初次相遇的兴奋感。

比如土耳其。由于土耳其在历史上曾是罗马的一部分，所以对于想了解伊斯兰文化的初学者来说，这里有着绝佳的风景。说得通俗一些，圣索非亚大教堂最初是基督教教堂。到了伊斯兰时期，它成了清真寺的原型。到了现在，它是体验伊斯兰文化之旅很合适的起步点。这样说也不为过。我们在那里学习了将圣索非亚教堂改造成清真寺的土耳其伟大的建筑家锡南的故事。

从清真寺外部看是无法理解的，必须走入它的内部去看。

五千店铺的形状　　大巴扎

除了清真寺，带有顶棚的大集市——位于伊斯坦布尔的大巴扎是另一个伊斯兰空间的原型。在这个世界上最大的带屋顶的市集里，有绚丽的空间、熙熙攘攘的人群，这里可以说是"巴扎的王者"了。要想了解它的魅力，未必需要什么宗教知识，只需行走在其中便可。

有一次，我和学生们尝试在这个大集市里进行实测。把这个大约四公顷的大巴扎的中央区域分成十份，分配给学生，让学生以写生或照片的形式记录下自己感兴趣的内容。内容不限。然后每三个小时让学生来汇报一次。主要就是想看看学生如何生动地去表现这个空间，并没有什么学术性的目的。

在这个包含了近 5000 家店铺的大市场中，仅有 14 个狭小出口。一旦进去就是另一个世界了。这里面不仅有小清真寺，甚至还有小学，简直就是一个城中之城。用阿拉伯式的蔓藤花纹镶边的一个个圆拱形，在各种精心布置的顶灯光线的照射下，亮晶晶地闪耀着。整个空间显得宽敞明亮。无论走到哪里，都找不到阴暗的角落。构成这个大集市核心的，是带有气派拱形的两个砖石建筑。这里主要是出售贵金属等高价商品的店铺群，应该算作整个市场中的市场。这两个气派而又坚实的建筑物是看起来有些混乱的大巴扎中最明显的标志物。这些一开始像迷宫似的让人摸不着头脑的道路，如果走上三个小时，就会感觉变成了一个待着还挺舒适的地方，真是让人觉得不可思议。在这个位于繁华闹市区的类似于套匣结构的微妙空间里，却全然没有闭塞憋闷之感。

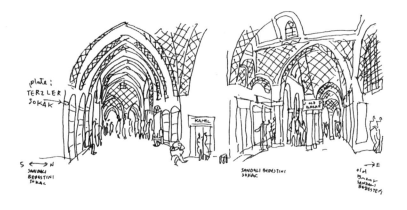

两公里的引力市场　　　　　伊斯法罕

　　伊朗的伊斯法罕是一座至今仍保留着伊斯兰世界最华丽样貌的古城。

　　这座古城的巴扎的惊人之处就是将性格迥异的两座圣域巧妙地连接在了一起。其中一个圣域就是萨法维王朝的象征，同时也是现在市中心的伊斯法罕王侯广场。广场是一个长 500 米、宽 150 米的大空间，四周被这一时代杰出的建筑群所包围。而另一个圣域是比伊斯法罕王侯广场还要早 4 个世纪的塞尔柱时代的杰作——星期五清真寺。这两个不同的圣域是靠起始于盖塞尔伊耶希门（Qaysariyyeh）的一条两公里长的巴扎连接在一起的。这条巴扎上除了有许多小店铺之外，还有很多驿站（kervansaray）和神学院相连，好像无数的神经细胞复杂地连在一起，让人们最直观地

体验这充满生机的古都。行走于其间，就仿佛是在描绘一条动态曲线，不知会通向何方。让人深切感受到这个巴扎构成了古都的骨架。

一路上，各种各样的拱门连绵不断。带天窗的圆形顶上的顶灯打出的光柱不断地向里交织重叠。照进天窗的一束束光亮将隧道状的黑暗划破。在黑暗与光斑的底部，购物的人群和去礼拜的人潮激烈地涌动。

从巴扎的类型来说，我认为在面积上最宽敞的"巴扎之王"当属伊斯坦布尔的巴扎。但是从长度层面来说，这里可以算得上是"巴扎皇后"。

木制格子凸窗   开罗老城

我曾多次到访开罗老城，但是最难忘的一次是和已故的木岛安史[1]君一起探访古老民居，一起行走于这座魅力之城。木岛君曾留学埃塞俄比亚，同时也是地中海学会的热心会员，对于开罗老城很是熟悉。他结束了在开罗近郊的福斯塔特遗址调查工作，返回了日本。我们还一起从事过"古地层历史挖掘"这样不起眼的工作。工作结束后，为了休整放松，我们相约

---

1. 木岛安史（1937—1992），早稻田大学毕业。曾留学于埃塞俄比亚，历任 YAS 城市研究所负责人、熊本大学、千叶大学教授。在不断从事中东、近东、埃及的遗址考察工作的同时，创作了许多扎根于地域的独特作品。主要作品有：上无田松尾神社、球泉洞森林馆、小国町立西里小学等。主要著书有：《我心中的世界主义者》《深蓝色的几何学：东地中海的城市风景》等。

来一场轻松的城市探寻之旅。

　　我们一同到访的开罗老城，从地点上来说，位于爱资哈尔（Al-Azhar）清真寺附近、穆诶兹·里丁·阿拉街近旁。那一带的古老民房都是三层木结构建筑。我们二人一直以来主要和土质、石质建筑打交道，所以当我们看到眼前这些非常温和纤细的建筑杰作，不由得异常兴奋。后来，木岛君还将那时激动喜悦的感受和见闻写成了书，令我非常钦佩。站在拥有 200 年以上历史的住宅前，我们二人根本无法保持素日的冷静。迅速着手调查的我们情绪高涨，就连房屋中隐隐吹过的风都不放过，观察起来无比着迷。

　　凸窗的木格子和木板帘（mashrabīya），就是专为通风的设计。用来吸收风，让风流动。它精美多样的变化是装饰住宅外观的绝佳要素。我们打心眼儿里喜欢这些精美的窗户。顺便一提，如果想去看这种凸窗的展览，在附近就有一家专门进行展示的伊斯兰博物馆。

用石灰浆化妆   米科诺斯

  爱琴海是地中海的内海，可有时也会遭受暴风雨的猛烈袭击。我就亲身经历过一次。恶劣天气下联络船航行中断，整整一周时间里，这座岛与外界是完全隔绝的。暴风雨过后，它又变回那个纯白色的惹人怜爱的港口小城米科诺斯。每日巡游各家各户的白色房屋时，总会碰到用石灰浆粉刷墙壁和地面的人们。他们把这项粉刷工作当作每天必做的功课。所以家家户户才能始终保持这种纯白色。住在白色的房子里，可不是单纯建造一个白色的房屋就万事大吉了，它意味着要将这种白色保持下去，每日的养护工作绝不能马虎。

  如同细线缠成一团，各家各户的楼梯也是相互缠绕在一起的，楼梯处没有一丝阴暗。这里的小路窄得只够一个人通过，由这些狭窄小路组成的迷宫的角角

落落也全是明亮的。这些人的生活就是由这样日复一日的粉刷作业组成的。

我在这里度过了一周，还交到了朋友。我这位朋友是位经营酒馆的老爷爷，还是位跳希腊舞的名人。这位老爷爷问我要不要在港口东边的小山上买个自己的小房子。面对他的这个离奇提议，不知怎地，我竟然动了心，拿了一套包括建筑地图在内的文件回国了。过了一段时间，我仍然在认真地考虑此事。我至今也不明白自己当时是怎么想的，明明没钱买。大概是太喜欢纯白的米科诺斯了吧，喜欢到失去理智了。

这座记忆中的完美小岛也不可能永远保持不变。随着到访游人的增多，曾经的小广场变成了一个个露天咖啡厅。有时小路上还会填满嬉皮士们的睡袋。一下子让这座港口小城的美景失了颜色，那耀眼的纯白也暗淡无光了。

平行的神殿和城市　　　　　　阿格里真托

如果将地中海比喻成历史的大剧院，那么西西里岛就是其中一个盛大的舞台。如果观察西西里岛在地图上的位置，就可以预知这个岛屿复杂多重性的历史，或许就能明白这个岛上希腊文明的遗迹为什么比希腊本国保存得还要完好。

位于岛上西南部的古城叫阿格里真托。在它南侧宽阔斜坡的正中段，以东西向为轴，希腊的神殿呈直线形排列。这个排列的直线距离可达两公里。其中保存最为完好的协和神殿与雅典的帕特农神庙为同时代所建，是用凝灰岩所建神庙中的一个杰作。

在很久以前，漂洋过海到访这座小城的人们，一定会首先仰望排列于半山腰的神殿群那雄伟庄严的容姿。神殿被当作舞台前景来装饰城市，让神殿群成为彰显城市威仪的标志。而这个历史舞台的背景，则是神殿背后的这个山岳小城。始建于罗马时代，繁盛于阿拉伯时代的这座小城，街巷是由阿拉伯风的迷宫结构组成的，连巷子的最深处都是如此。前往山顶教堂时，我特意避开那条锯齿形的热闹的雅典路，而选择走另一条有许多石阶的道路，登上了山顶教堂。这一路上景色的变化、蜿蜒的石阶路，以及重重叠叠的房屋，与在半山腰看到的希腊神庙那明快的景象迥然不同。这才是真正说明西西里是一个异质风景的混合体。

VIA di S.GIROLAM
Agrigento

VIA DUOMO
Agrigento

那日正值春分日，当夕阳沉入神庙中央立柱之间的那一瞬，山顶的村庄也被落日余晖染成了耀眼的红色。

沙漠中的暗箱 古勒米迈

堡垒的结构我们是看不见的。这种堡垒式的村庄具有一种从外部无法窥见的结构。这是一个高密度的居住集合体，由黑暗的迷宫组成，拒绝外来的生人。绿洲既是水的恩惠，也代表着它的界限。虽然根据绿洲的水量可以测量出堡垒的规模，但是却无法测知里面有多少户人家，住着多少人。因为堡垒内部是完全隐蔽的。

堡垒的入口都极为窄小，且数量很少。刚一踏入狭窄的门，就会立刻被"拖进"墙与墙夹成的道路中。一开始只能借助一丝幽微的光亮一条道走下去，逐渐适应之后，就从视觉世界进入触觉世界了。靠身体来感知道路微妙的弯曲和变化，继续行进下去。

　　这种堡垒构造中特有的黑暗道路起到了类似冷却管的作用——通风、阴凉。泥土墙壁湿润冰凉，并且完全不会使人有种被封闭起来的不安全感。我一路上用手在这条幽深的暗道中不断摸索，姑且不论是否是目的地的那户房子，总之终于爬上了一个像是民居的入口。通过房间总算看到有光亮从天井漏出来了。走上屋顶平台，吹着沙漠的风。煮饭的人、在屋顶与屋顶间来回跑动的孩子、在阴凉处打盹的狗、嚼着干草的驴——这正是建在沙漠上的人工土地。仿佛连此处的阳光都和沙漠烈日下是完全不同的。

　　正是为了这屋顶上舒适的阳光，这里的人们才建起堡垒中的"暗箱"。有必要用这么多黑暗的回廊装置吗？在进行住宅设计时，我经常回想起这个沙漠中的"暗箱"的作用。

闪耀的迷宫　　　　　　　　马拉喀什

　　我快速走向市场深处，仿佛被吸进去一样。这里的小巷也像网格一样铺设，但是凭着直觉就能选出主干路。也就是应该走那些遮阳篷多的路，这是在市场中不迷路的唯一办法。

　　这种被市场吸去的感觉，让我想起了老电影中的场景。从遮阳篷透出的光影组成的条纹，用延时摄影的效果让人的动作和小巷活动起来。当人群在遮阳篷下移动时，原本就忙碌地动起来的人们，会呈现出动作速度加倍的影像化效果。描绘出光影组合的各式遮阳篷，包括藤篷、竹编篷、从木质到金属质的各种格子帘、各种小树枝编成的绿廊，种类真是丰富。

这里我突然想到"天网"一词，但并不是想表达"天网恢恢，疏而不漏"的意思。单看"天网"二字好像是一张柔软的、覆盖于整个世界的网，给人一种奇妙之感。在市场的中心有好几条由许多小店组成的巴扎群（集市群）。这些小店都是窄小的地窖，只进去一个人就满了。这个集市群好像是活的一样，里面充满着各种熟悉的场景。人们的嘈杂声、讨价还价声、敲打铜的声音、草药的味道、向上飞舞的尘土，这些全被"天网"所笼罩，融为一体。摩洛哥最大的城市可以说是一个被"天网"遮蔽的活动空间。看到这里，你是否能在脑海中勾画出地中海建筑的一个空间形象了呢？

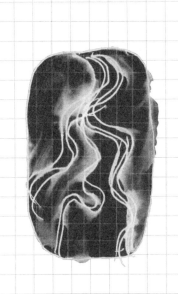

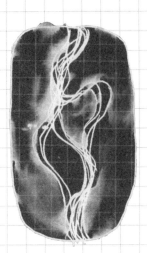

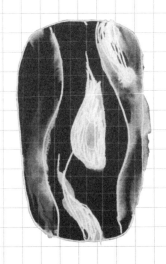

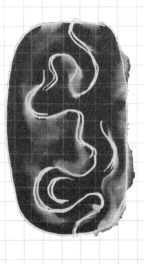

来自安达卢西亚

滚滚而来的白色村落的波涛

西班牙旅行中最精彩的部分之一就是安达卢西亚之旅。我并没有去什么名胜古迹或是看什么历史建筑,只是沐浴着安达卢西亚的阳光,随心所欲地行走于那广袤的土地上,就觉得与其他旅行相比,别有一番滋味了。

像这样对一个地方进行全面的旅行考察,恐怕在地球上也并不多见。而且在这片干燥的土地上,没有什么吸引眼球的绝美之景。就算是遇到了格外富裕的村子,里面也没有高级餐厅。但是人们还是喜爱巡游这片土地,特别是当你在和缓起伏的山峦对面,发现无数白色村落时,那种喜悦之情简直无以言表。在浩瀚无垠的黄色大地上映衬出的白色村庄格外显眼。就这样,白色村落逐渐离我越来越近,在山丘间时隐时现。突然它们一下子出现在了山崖上。眼前的景色虽然称不上是绝妙之景,但在不断重复着与它相遇的过程中,人们开始爱上当地的风土和村落的这种美好关系,享受这种时而出现时而隐去的风景。当你选择一个村子走进去,就会邂逅位于白色村落中的白色小屋里的人们那无忧无虑的微笑。

这些白色村落就如同地中海上的滚滚波涛一样,

覆盖了安达卢西亚。波浪的起伏甚至波及内陆的拉曼恰地区。在安达卢西亚夏日里强烈的阳光照射下，像个梦游的人一样徘徊流浪是一种特别的冒险。但如果你想要更高效地欣赏这片风景，我认为在脑海中提前勾画好安达卢西亚的三条路线是比较明智的。

这三条路线都是横跨东西数百公里，首先介绍沿着地中海海岸的西班牙阳光海岸（Costa del Sol）的一条"海路"。从东边阿尔梅里亚的莫哈卡尔（Mojacar）或阿尔翁东（Albondon）往西过了马拉加，然后从现在已经成为观光胜地的米哈斯，穿过拥有夏日火热庆典活动的马贝拉，再经过位于山上的卡萨雷斯，到直布罗陀海峡。从海岸的喧嚣热闹一点点进入到山里，便能发现以蓝色地中海为背景，被映衬得如珠玉般的白色村庄静静地隐藏在那里。这是一条非常清爽的路线。

第二条是从内华达山脉往东接连经过好几条山脉的"山路"。东边是拥有洞穴住宅的瓜迪克斯和普鲁列纳，这里的白色小屋半截是埋于地下的。经过格拉纳达，通过蒙特弗里奥以及居于悬崖之上的古城龙达，再到大西洋上的海港城市卡迪斯，这是一条如冲浪般多起伏的路线。最后的第三条路线是一条沿着瓜达尔基维尔河的"水路"。经由值得一看的乌韦达、历史名城科尔多瓦、塞维利亚，再到赫雷斯为止，是一条沿着平原和河道而行的路线。

安达卢西亚的三条线路

　　三条路线的风景各有千秋。但事实上，要想完全把握安达卢西亚地区的精髓，真正的行走路线其实与刚介绍的三条路线是有很大偏离的。它应该是把三条路线编织在一起，上下摆动着行进。如果能做到这个地步，你就能深刻体会一个白色村落的特色。它们争艳斗丽般地共同组成了安达卢西亚地区的风光。

伊斯兰风的吹拂

　　西班牙的魅力还在于这个国家中有伊斯兰文化的气息。在 8 世纪之初，先经由北方，后又在欧洲大陆登陆的伊斯兰势力，在 1492 年的收复失地运动中，从伊比利亚半岛又沿原路被赶了出去。但是，在那之前的 800 年漫长岁月里，伊斯兰文化的特色已经深深植根于这片土地。那并不是伊斯兰文化的残渣，而是作为各种艺术的种子，被深深埋藏于此，后来持续绽放开花，成为这片坚韧大地中的潜在力量。

在西班牙建筑中，被称为穆迪扎尔风格的折中样式建筑就是那朵奇葩。收复失地运动之后的西班牙建筑，一边采用基督教样式，一边在某个地方潜藏着伊斯兰建筑的风味。从这个原因来看，这之后的所有建筑设计都不能称为穆迪扎尔风格。在 800 年之中，穆斯林曾先后将首都设在科尔多瓦、塞维利亚、格拉纳达。直到现在，说起这些城市的象征，还都是大清真寺（785—1101）、吉拉尔达塔的钟楼（1184—1196）、阿尔罕布拉宫（13—15 世纪）。从充满着穆斯林自信的建筑形式，到由极盛转向衰败的建筑表现形式，这些全都算作西班牙建筑的原型。

到访阿尔罕布拉宫的人们一定都有这种感受。那就是这座宫殿比想象中的要小，使用的材料也毫不奢华，而且几乎没有作为一个城寨应具有的牢不可破与炫耀权力的庄严感。相反，人们也惊异于这幢建筑的细腻柔和，一种如同女性般的特色。但是，这恰恰是伊比利亚半岛的伊斯兰风格空间的一种独创。尤其是这座宫殿并不庞大的规模和柔和的光影交织，以及石灰与雪花石膏提炼出的阿拉伯式纹样的透明感，都能令人读懂它独特的优雅。换言之，这种设计更具空间感，更具内涵。

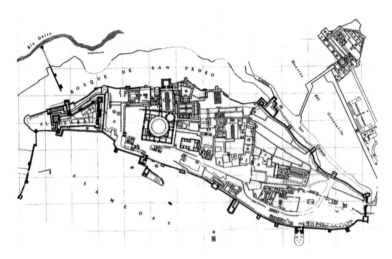

阿尔罕布拉宫的图纸（摘自 *OFFICIAL MAP*）

在巴塞罗那看到安东尼奥·高迪的建筑时，人们都会被他那些异形的、充满幻想的建筑所震撼吧。这位 19 世纪出生的天才艺术家的那些天马行空的、充满奇思妙想的建筑，如果你拉远一段距离来看的话，就能嗅到穆斯林的气息。然后慢慢地与周围那些现代主义的建筑家们的作品连起来看的话，会不由得认同这就是西班牙建筑的正统。很显然，现在仍然高高耸立着的圣家族大教堂的尖塔是受到了伊斯兰风格的影响。

马约尔广场与迷宫

不管行路有多么曲折，一定会将到访城市的人们导引向城市的中心。来这里的人们一定会到达马约尔广场。

马约尔广场，又可以称为中央广场。无论城市的大小，任何一个西班牙的城市都亲切地称呼自己的广场为"马约尔"（最大之意）。萨拉曼卡的马约尔广场中有个大教堂，此外还有政府和市场。行至此处，可以看到城市的一系列主要建筑。过去广场曾是斗牛场，也是举行宗教仪式的场所。现在仍然在此举办节日庆典，开设市集以及作为城市的信息中心。广场始终顽强地充当着城市风景的核心。

现在的马约尔广场的原型始建于 16 世纪中期。它的设计标准参照的是马德里的马约尔广场（1672—1790），这个广场的规模为 94 米 ×122 米，围合着广场的四层建筑住着四千人。从各家各户探出五百个阳台伸向广场，简直就像是城市的剧场空间。马德里的广场周围有很多小酒馆，将广场在内的周边一带全部环绕起来，形成了一个无论白天夜晚都热闹无比的繁华圈。从城市广场的完成度来看，萨拉曼卡的马约尔广场的丘里格拉风格建筑和回廊也建造得美轮美奂。

无论是马德里的马约尔广场，还是萨拉曼卡的马约尔广场，广场上的回廊都是精美绝伦的。回廊赋予广场更多的变化，制造出光影的纵深。此外，回廊还有一个功能——它如同一根管道，把在广场搅拌混合好的空气输送到城市的各个角落。整个城市的所有道路都是始于中心广场的回廊的。

　　位于马德里郊外的一个叫作阿尔卡拉·埃纳雷斯堡的小城是我最喜欢的城市之一。虽是个不起眼的小城，但却是马德里大学的前身学校（1540 年）所在地。那里至今还保留着带有文艺复兴时期的银匠式风格装饰的著名建筑。在那附近就是著名小说家塞万提斯出生的地方。这座小城虽然不大，却是有着深厚文化底蕴的地方。那里的建筑的中庭都很美丽。位于城市主干道的由罗马风格石柱组成的回廊制造出难以形容的迷人光影，令人流连忘返。在位于拉曼恰地区的小城——钦琼，架设的柱廊通道以及各种各样的露台，为行走其间的游人搭建了柔和的"遮阳幕布"，深受人们的喜爱。这里的道路虽不像回廊那样具有完全包裹覆盖的功能，却也同样能制造出阴影和迷宫的效果，一样魅力十足。像这样的经典案例不胜枚举。

　　从位于塔霍河对岸的帕拉多国营古堡酒店远眺古城托莱多的全景，是一个绝佳的地点。托莱多的美不仅体现在它的外观，还在于这座城市自带的迷宫属性构造，宛若烧制成型的陶器一样美丽。迷宫作为行走之用，它的魅力反映在集合体的形态上。同样的道理，占据着城市一隅的，由伊斯兰建造起的旧街区正是凝结着回廊和迷宫的一处特别区域，充满着难以形容的魅力。比如紧邻塞维利亚的吉拉尔达塔和塞维利亚王宫近旁的圣十字区，以及包围着科尔多瓦大清真寺的犹太人区，都是拥有数百平方米左右的区域，有着非

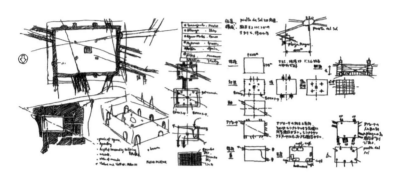

马约尔广场笔记

常浓郁的风情，非常适宜步行游览。

　　被夹在这样的城市白墙之间，摸索着迷宫小路不断前行，真是别有妙趣。当下变得无比整洁的现代城市早已让人们遗忘了与道路和建筑邂逅的幸福感，而在这里，这种情感又复苏了。像这样能够"使人重拾与建筑相遇的感动"的道路，有许多依然活在西班牙的城市中。

行走于安第斯

海上村落　　　　　　　　　　　　　希纳马伊卡湖

　　安第斯之旅是从面向加勒比海的委内瑞拉的（第二大城市）马拉开波开始的。请试着在脑海中勾画一幅南美地图，想象一下纵贯南美的安第斯山脉北端沉入加勒比海的地方。

马拉开波作为一个"海中油田"而闻名于世。这里天气炎热，道路和建筑被炙烤着，反射出橘红色。到了过午时分，居民区也见不到人影。这个时间，人们都躲进了泥土建起的房子的最深处。只有在杧果树浓密的树荫下，能听见孩童玩耍的声音。巡游完酷暑中的村落，就来到了希纳马伊卡湖沿岸。我此次前来是为了寻访散布于湖汊处的"水上房屋"。

从马拉开波沿湖岸北上 60 公里，再乘小船入湖汊 15 公里左右，湖面上星罗棋布的水上房屋就开始映入眼帘。这里位于哥伦比亚和委内瑞拉的交界——瓜希拉半岛的东侧。就在前面曾说起的南美洲脊梁安第斯山脉北端消失在加勒比海的那条线上。瓜希拉半岛的哥伦比亚一侧的湖岔口也有这种分布着水上房屋的奇特地域。

据说，委内瑞拉这个国家的得名就是由于当时最早发现水上房屋村落的征服者们联想到欧洲水城威尼斯，"委内瑞拉"即"小威尼斯"的意思。这些水上房屋高度大多为两米左右，搭建在圆木桩作为支撑的高架腿上。大圆木上铺着用细小圆木料和竹子架起的"甲板"。每块甲板上大都搭建两三幢小房，分别充当起居间、厨房、卧室。这几个小房子中央都特意留出一块空地，余下部分的甲板就当作白天的客厅。这是水上小屋最为舒适的空间，它整个沐浴在水面吹来

希纳玛伊卡的村落

的习习凉风之中。同时这里也是每户人家的玄关和船
只停靠的码头，连接水面和甲板的垂直方向的动线全
都集中在此。

　　按理说，越是临近岸边的住房，密度也会越
大。但是这里的房屋都是分散而建。最近的也得相距
二三十米。距离岸边几百米的房屋，呈现出一种极其
孤立无援的状态。虽然有小船作为交通工具，但是这
种房屋与地面的隔绝感还是相当强烈的。这种分散型
的民居在安第斯一带的山岳村落中非常常见，类似于
那种柔软的风景集合体。

　　我在湖上遇到的卫生保健局的工作人员表示，这
种构造的水上村虽然敞亮、凉爽，但是不洁的生活环
境也堪忧。虽然不比炎热的马拉开波的村子环境那样
糟糕，但是生活所排出的废水早已超出了大自然能自

我净化的范围，所以如何确保饮用水的安全是个亟待
解决的问题。

湖上房屋   的的喀喀湖

探寻安第斯之旅之所以要从加勒比海的希纳马伊
卡湖的水上民居开始，是因为我想要去拿它和安第斯
高原的房屋形态进行一下比较，特别是要考察一下村
落建筑形式中的相似点。

我来到了位于安第斯山海拔 3 800 米的的的喀喀
湖。住在那里的印第安艾玛拉族，自前印加时代以来
就在湖面上建起漂浮岛并居于此上。他们将生长于浅
滩处的一种类似芦苇的香蒲草制成草垫，使其漂浮于
湖上，然后在草垫上建造房屋。他们还用这种香蒲草
制成小筏子。在的的喀喀湖上，像这种漂浮岛有好几
处。有上千个艾玛
拉人在这种分散的
漂浮岛村落中生活。
他们用小船捕鱼，
然后到岸边的小镇
市场去贩卖。用卖
鱼挣的钱，换些蔬
菜杂货回来生活。
到集市上去贩鱼的
妇女们都要特意打

乌鲁斯的村落

扮一番，看着她们意气风发地划着香蒲草船筏的身姿，我的脑海中浮现出墨西哥高原上，帕兹卡洛湖畔与之几乎完全相同的场景。

我来到了在距离湖岸城市普诺市 4 公里的，漂浮于湖面上的乌鲁斯岛。这个漂浮岛犹如一个浮于湖上的巨大鸟巢，载着生活在岛上的十几户人家。如果把在陆地上行走的力量用在这岛上行走的话，那么脚就会踩透厚厚的香蒲草垫，插进湖水之中。每走一步都是踏在水上的漂荡触感，仿佛漫步于太空之中，足下飘忽无跟。浮岛上的房子都是用香蒲草编成的薄席子搭建起来的，类似帐篷一样。三角形的屋顶仅山墙一侧有出入口，样式极为朴素。岛民们会根据不同季节把香蒲的席子两层或三层叠加在一起，以此来调整墙壁的厚度。"严冬里，即使湖面不结冰，这种房屋构造也无法抵御从山上刮下来的寒风。"当然，这是住在陆地上的人们的想法。其实这里的做法也算是一种保护自己免受自然侵袭的方式，即"与其直接对抗寒风，不如灵活地避开"。以这种构造应对自然的方式，让我不由得联想到他们与游牧民族的房屋建筑的一些相似点。我本以为会有关于这里建筑的一些速写，但事后一查，发现只有一点点关于这个岛的记录。大概是在漂浮岛上晃悠飘荡的感觉会让手握笔不稳，无法作画的关系吧。

土坯房屋

塔拉布科

与的的喀喀湖上漂浮的香蒲草房屋完全不同的另一种房屋类型是塔拉布科的民居。这里是饱受荒凉高原上那股强劲粗犷的风袭击的房屋。

位于的的喀喀湖东北部的高原上，可以看到用土坯砖垒成的圆锥顶的房屋。甚至有的一户人家就带有多个圆锥顶房屋，还可以看到塔状或长方形的房屋混杂在其中。用晒干砖或者碎石筑成的围墙将房屋院落围起来，所以每一户农家的领地都很好分辨。这围墙既可以圈住家畜，也是农作物的栅栏，同时也兼作孩子们的游乐场。冰川临近，从安第斯山刮下来的风非常寒冷，这种围墙可以起到防风的作用。这里的村落属于缓和分散型。即每户房屋之间都留有适度的间隔，

塔拉布科的村落

分布于这干燥的山脚下。

这种圆锥形的房屋被称为最原始的房屋类型。只使用单一建筑材料，堆叠成同心圆。既没有墙壁和天井，也不分方向和朝向。同时，这也是最简单且最为极致的获取内部空间的方法。房屋内部就如同是母体内部，也像是茧或巢穴，能带给人一种生理上的安全感。从这个意义上来说无疑是房屋的原型。但是，单独靠这一种圆锥顶的房屋是不能构成一户民居的。而是要有将它们联结起来的要素，且必须要有多种要素结合在一起才行。这样一来，几种房屋原型组合在一起，就形成了多种住宅类型。乍一看有些荒凉，但房屋与村落和缓相连，形成一片极为清晰明快的风景。

沿石壁漫步   库斯科

古城库斯科曾经是印加帝国的首都。要问在这里最有意思的事情是什么，我会毫不犹豫地回答是沿着印加石墙漫步。因为库斯科是在印加历代的王宫和神殿之上构筑起来的城市。经过漫长的前印加时代，印加人于1 400年前后掌握了安第斯地区的统治权。在那之后不到130年，遭到西班牙的侵略。但是这座城市中却保留下来了无数石砌建筑的遗迹，那就是过去环绕神殿以及王宫的石壁，在过去就是库斯科的街道本身。只要行走于街道之上，就可以想象成走在曾经的印加古城中。在乌黑、坚硬且被打磨得极为光滑的

在印加古城基础上建起的现在的库斯科

安山岩石壁间来回穿梭时，你会感受到这座城市的历史厚重感。这是在海岸地带的遗迹——干燥的黏土构成的柔软墙壁身上感受不到的。建造石壁的石头大小不一，构筑形式既有正方形的也有多边形的组合。每一块石头都严丝合缝地咬合在一起。不用抹水泥却能紧密接合在一起的这种垒石方式是印加独有的建筑方法，被形容成"连一丝插入剃刀刀刃的缝隙都没有"。这种筑石技术使墙壁显得更具一体感和平整性。库斯科城里的石壁虽然并不具有华丽装饰，但是却刻有印加文明引以为豪的技术。只要沿着这些墙壁行走，就仿佛回到了印加古城。值得一提的是，印加的灌溉技术水平也很高，其中库斯科的水路与道路网是呈一体化的，构成了整个城市的骨架。这显示出了极为卓越的城市规划理念。

天空的基石   萨克塞瓦曼和马丘比丘

库斯科北部的山城萨克塞瓦曼被叫作城塞，但是我不清楚它的用途。高大的巨型石壁确实彰显出了城墙的威慑力。由石灰岩巨石呈"Z"字形弯折组成三段阶梯状的石壁，长达 400 米远。这里是印加王尤潘基耗费 80 年时间建造起来的。又因为它是曼科•卡帕克二世为从西班牙征服者手中夺回库斯科而据守的印加史上"最后的城塞"，而更加强化了它堡垒要塞的形象。

而且这个由巨石组成的三层石壁中，还有着数量众多的石室和迷宫。采用印加特有的精湛的石工技术而建造。在最顶部的平台上，有一些圆形的古建筑遗迹。但是怎么看也不像是作战用的设施。大家推测这里是用于祭祀的场地。直到现在，在"Z"字形石壁的大广场上，仍然遵循着古代祭祀太阳神的方式，举行着太阳祭祀典礼，所以认为这里是古时祭祀场所的说法还是很有力的。而这种可以容纳很多人的连续的"Z"字形城墙结构，形成了祭坛和观礼台。

从库斯科沿着乌鲁班巴河登上峡谷，在半路上，从阶梯式观礼台可以看到乌鲁班巴、奥扬泰坦博等印加式山区城市的遗迹。火车止步于悬崖峡谷之处，然后需换乘巴士，沿着险峻的山路迂回前行。巴士犹如一个气喘着爬坡的行人一般艰难行进着，而附近村子里的孩子们则以和巴士近乎相同的速度爬上了悬崖。他们只不过是一群一直在景点卖东西的孩子，却成为这陡峭的山岳城市特有的名片，吸引了大批游客。

在马丘比丘山上，路面平坦的部分很窄，但这些多层的石头建筑就集中堆建在这些狭窄的平地上。这些复杂的相互重叠在一起的威武石头架构，仍可根据它们的形态依稀分辨出哪个是神殿，哪个是民居。住宅群建在山脊线的两侧，而宫殿、神殿都建在了中央广场的北侧。矗立着格外显眼的"礼拜石"的山坡上，有一块被称作"拴日石"（日冕）的巨石指向天空，这里就是古城的中心。要进入古城中心，必须顺着石壁走，然后从一个叫"太阳门"的地方钻进去。这里的巨石伸向天空，努力营造出城市中心的形象。马丘

萨克塞瓦曼的城堡

比丘对面的华纳比丘像一顶乌黑的帽子，如果以华纳比丘作背景眺望全景的话，马丘比丘的下方空间仿佛完全关闭了，而上方空间是打开的，像城寨一般的一段段石壁垂直伸展。在视觉上与包围马丘比丘的山峰融为一体。被一座座奇异的山峰包围着的这座城市本身仿佛获得了一种漂浮感。这正是为了使这个城市看上去比想象中的更大更坚固，而特意制造出的另一个神秘世界。向着秘境的天空开启的马丘比丘，在 20 世纪初的 1911 年终于被世人发现了。但这个城市真正的全貌，包括哪里是城寨，哪里是神殿，至今还是未解之谜。

马丘比丘的古代遗址

尼罗三景之一 阿斯旺（ASWAN）

从地图上看到的尼罗河是一条单调的河流。从沙漠的正中央急匆匆地流向地中海，但实际上尼罗河是一条全长近 7 000 公里、拥有丰富表情的河流。这条河流从维多利亚湖进入努比亚沙漠后，又进入埃及领地 400 公里，而后又从阿斯旺向北奔腾，再流淌 1 400 公里就会注入地中海。埃及这个国家国土面积的 97% 都是沙漠，只有余下的 3% 是耕地、可居住地。而且整个国家全部是紧贴着尼罗河两岸的，因此说尼罗河就是埃及的生命线一点也不为过。

尼罗河流经阿斯旺地区，对河底部的花岗岩经年累月的侵蚀，形成了被称为"瀑布"（cararact）的湍流地带。河流淤塞的地方，形成了尼罗河富于变化的风景。由于大坝的建设改变了水流的方向，所以不得不把淹没于水中的遗迹迁移走，之后这个景观就成了尼罗河上唯一的景观。如同阿斯旺特有的红色花岗岩一般，紫红色的暮色映在水中，一艘艘白帆船缓缓地分开水面，往来其间。那每块高 30 米的哈特谢普苏特女王的方尖碑，从这条河中运出了几十座。这里是上演过 3 500 年前的历史大剧的地方。

尼罗三景之二 卢克索（LUXOR）

太阳变成了一个火球，今天也又一次沉入西边的沙漠。昨天、前天也都是如此循环往复着。那是即将奔赴死亡之路的雄姿，"死后的明日又将于东方的天际复生"。这是古埃及历代国王几千年来一直秉持的信念。夕阳之景之所以如此壮美，是因为与撒那特斯在彼岸世界约定好了会重生。

靠近红海的东部沙漠和西边的努比亚沙漠之间，缓缓向北流淌的尼罗河在卢克索东边画了一个巨大的圆弧。而迂回蜿蜒的河流西边，形成了如同利比亚沙漠中的沙堆一样凸起的阶地，构成了尼罗河景观中罕见的立体式风景。这些沙漠阶地正是古埃及历史中隐藏的大舞台——帝王谷的深处。在古代埃及，一直将南北走向的尼罗河视作宇宙绝对的轴心。这条轴的东边是生者之城，而西边则是亡者之都，一直作为陵寝的安放之处。

时至今日，以尼罗河为界，东岸是卢克索和卡纳克两大神庙，西岸则是十几座葬祭神殿的遗址。古代保留着的生死观，在这样的风景中展露无遗。

尼罗三景之三　开罗（CAIRO）

尼罗河的面貌在此处突然改变，它拨开沙漠，沿着绿带北进。来到大城市的尼罗河像解除了孤独的紧张感一般，变得膨胀鼓起。这里已经没有了西方和东方的界限，在都市混沌的夜色中，尼罗河卷着蓝黑色的漩涡向前奔流，完美地融进了城市的黑夜之中。此刻的尼罗河拥有了与城市相衬的表情。再往前方就好像八岐大蛇一样，西边的头部是苏伊士运河。东边的头部则是亚历山大港。还分成了其他几条河，跨过宏大的三角洲，而后注入地中海。塞加拉金字塔和吉萨金字塔都位于尼罗河的西岸。

是何时从金字塔中挖掘出大船的呢？模仿来往于尼罗河的船而建的巨大船只被称作"圣船"，现在正收藏在博物馆内。那是运送死者的船，从尼罗河西岸的死者世界驶向生者的世界，是为了获得重生而在渡过宇宙长河时乘坐的交通工具。在阿斯旺、卢克索，依靠尼罗河的风，驶动帆船的祖先们，这些大船凝结着他们的想象力。前几日见到吉村作志先生时，听他说日本科考队又发现了一艘埋藏的圣船，不久就能挖掘出来。我不由得感慨，这里是古老尼罗河真正的终点。（见文末彩页）

杰尔巴：突尼斯的小岛

600公里的橄榄街道

突尼斯之旅是从迦太基遗址开始的。我站在伸向地中海中央的这个古代要塞，说得夸张些，不由得追忆起遥远北部的罗马大帝国。从北方遥望地中海的欧洲，我领略到一片全新的风景。接着把视线转向南面，从迦太基顺着正南方延伸的海岸线一口气南下，不久就能看到右手边的平缓山丘上全覆盖着橄榄树林，此处正是自古就有的橄榄街道的所在。这条街道让人感觉走向了地中海的怀抱深处。它长约 600 公里，每前进一段路，都似乎将我们更进一步地拉近了一个非欧洲化的世界，这真是一条不可思议的道路。

从迦太基来到海岸线，南下 100 公里左右，在那一带出现了柏柏尔人的白色村落。通过《没有建筑师的建筑》、*Villages in the Sun* 等相关书籍的介绍，建筑家们熟知了那个村落。带有白色拱形屋顶的庭院式建筑群毅然立于可远眺地中海的岩棚之上。它能让人立刻想起勒·柯布西耶的众多设计，以及近来流行的带穹隆屋顶的建筑。

从这里沿海岸线南下约 50 公里，随后向内陆行进约 50 公里，就来到了凯鲁万古城。在始于 7 世纪的伊斯兰教的风潮中，这里是在马格里布与麦加具有相同地位的伊斯兰教圣地古都。当我前往凯鲁万大清真寺时，就如同前往哥特式、罗曼式大教堂时的心情一样，那种雀跃兴奋无以言表。只是除了宣礼塔以外，整个建筑外观都是被厚厚的围墙所包裹的。被回廊重重包围的中庭只是一个仿佛不断地接受光线照射的容器，而柱子林立的礼拜堂是一个被压缩的昏暗的迷宫。

橄榄树竟然一直种植到了海岸线。再南下约 100

公里，就来到了突尼斯的第二大城市——斯法克斯。
从斯法克斯起行程变为东南方向，沿加贝斯湾迂回
150 公里，就来到了南部城市加贝斯。这个加贝斯湾
正是地中海离撒哈拉沙漠最近的接点。在这里可以观
赏到海洋风景与沙漠风景的奇妙组合。

　　前往内陆撒哈拉的旅程从这里开始向着托泽尔，
然后再沿着阿尔及利亚领属的杰里德行路。从加贝斯
到梅德宁距离不过百余公里，但沿途景色却让人产生
误入另一个世界的感觉。在梅德宁能看到泥土修筑的
古时候的拱形民居，形状似蜂巢一般。讽刺的是，和
现代集体住宅一样，眼前看到的是素日里司空见惯的
公寓的墙面。

柏柏尔人的村落

　　马特马他特有的地下穴居式房屋（带有巨大的竖穴）就位于近处的沙漠丘陵地带。在丘陵之上只稀稀拉拉地建有几处深深的洞穴，房子从视线中消失，令人毛骨悚然。房屋全部埋在沙子里，地上部分只留下用于呼吸换气的深深的洞穴。既有与岩石融为一体的涂满泥土的房子，也有具有雕塑性的拓扑结构的房子。这些建在沙漠边缘的住宅原型，打破了通常意义上"住宅"的原理，让人百看不厌。我甚至都在想，给我一辆吉普，里面装满水、干肉和突尼斯葡萄酒，我能在这一带游历半年。沿着加贝斯湾，这次又向东前行百余公里就到了与利比亚接壤的边境。正好在两国交界靠近突尼斯这一侧，有两个小小的海角，像在东边把加贝斯湾分隔似的。而把这两个海角连接在一起的形状就是杰尔巴岛。

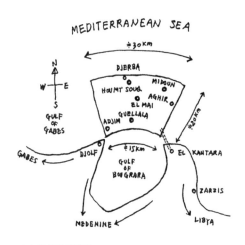

杰尔巴岛的概略图

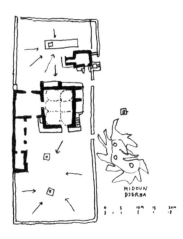

米多恩（Midoun）的房屋

从东边的坎塔拉（El Kantara）开始人们筑起了堤坝，建起了通向杰尔巴岛的道路。而要从西边的朱尔夫（Jorf）登岛，就必须要乘坐渡轮了。杰尔巴岛是一个呈扇形的平坦岛屿。岛上生长着繁茂的橄榄树和椰枣树，是一个缺水的沙漠小岛。岛上没有小河和沼泽，全年降雨量仅有 200 毫米，极其干燥。和小岛经济来源之一的海绵一样，是一个非常渴求水的岛屿。岛上的中心区叫呼门苏克（Houmt Souk），位于扇形小岛的上端中央部，还保存着罗马时代西西里王国时代的历史遗迹，但是规模并不大，给人感受最强烈的还是岛上干燥的天气。

现在岛上最大的产业就是观光业，主要是面向喜爱日光浴的欧洲人。突尼斯政府的观光局也开始卖力

米多恩（Midoun）的房屋

进行旅游宣传。另外，南下而来的欧洲游客们希求阳光的热情高涨，他们开始在杰尔巴岛的东边一带盖酒店，种椰林，建起了一处处观光绿洲。但是遗憾的是，房子全是清一色的白色穹隆蜂巢状，与梅德宁样式别无二致，缺少了一些新意。

白色穹隆的几何学

杰尔巴岛上最值得一看的是清真寺，而且还是那种建在路旁土堆式的清真寺。从规模上来说就是住宅的规模，而不是那种有着伊斯兰教寺院外观的建筑物。这就好比小村庄里的基督教教堂、佛教的山中小寺、神道教的土地神吧。从构成上来看，虽然看上去脱离清真寺的原有形式，稍显自由随意，但依旧是一个充满着圣地的静谧与光辉的迷人之所。清真寺不一定要有宣礼塔，也不一定要用墙壁围起来。被涂白的地面就昭示着此处是个圣域。地面反射着耀眼的光芒，更强化了神圣感，自然形成了一个神圣领地。

这里的建筑都是方形和球形的，形态抽象，近乎于几何学的抽象。圆

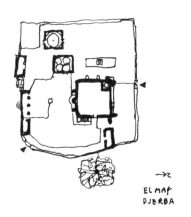

梅伊（Elmey）的清真寺平面图

形屋顶是一个精确的半球，极度接近球形这一纯粹形
态。白色的光和这种几何学的形态，将物体的实际存
在感抽走，使之近乎透明。而踏入这一领域的人都会
有这样一种幻觉，就像是梦游患者一样在一片白色光
亮中徘徊。尽管墙壁看上去非常厚重，但是不实际触
摸一下还是无法感知其厚度。清真寺界内的地面像水
面一样没有支撑重力似地扩展开来，只有俯下身贴面
于地上，才能感受到它冰冷的物质感。

　　"这不就是希腊风格吗？"这个念头突然在我的
脑海中闪过。在整合事物关系的基础上，构建起一个
通透明亮的空间。这种理智的建造方式是一种希腊式
的而非伊斯兰式的。这是我的想法。但是同时运用非
具体化的表现形式以及抽象装饰，则消除了建筑物的
实际存在感和立体感，这种隐藏风格的建筑手法，毫

梅伊（Elmey）的清真寺

无疑问又是伊斯兰建筑的特色。比如麦加的克尔白，就是一个外部罩着黑色幔帐的立方体。我们所看到的就与克尔白这种建筑的感觉近似。伊斯兰的花砖纹样也是几何形状的排列组合。若从单调的蔓藤花纹中，除去华丽的色彩的话，不就全是倾向于均质化的抽象表现形式吗？这是我在反复思考的。只有葱头状的圆屋顶、花瓣形的拱门，以及好像钟乳石洞内部一样的装饰造型不是伊斯兰风格的。

梅伊（Elmey）的清真寺也好，艾吉姆（Ajim）的清真寺也罢，仔细看看都能找到作为清真寺应有的要素。只是太夸张又不具什么装饰性的原因，所以并不起眼。有回廊（虽然很短），还有泉水。象征讲经坛的"敏拜尔"也被巧妙地打造为几何形。壁龛形的"伊万"好像将半圆形屋顶切去一半似的，它那白色的形态上也被投射下深深的阴影。这些要素全都是那么沉默寡言，仿佛只有在阳光下和抽象中才能被看到。

我以解开谜团的心情，抚摸着白色清真寺。它并不是纯粹面向海洋的形状，

艾吉姆（Ajim）的清真寺平面图

也朝向沙漠的方向。把向阿拉之神礼拜的共同场所建在沙漠之上，相较于给它铺上绒缎，用沙子堆砌成白色更好吧。它很容易成为村落的中心，也成为人们共同生活的中心。而且更有意义的是，它是可以收集生活用水的集水器。

村民们都来这里汲水。依托清真寺这片纯白的领域收集起来的珍贵雨水就储藏在清真寺中庭的地下。虽然水质浑浊，但相当冷冽。村里人都小心翼翼地汲水，因为这是这片白色圣域收集到的"神之水"，是以信仰的形式获得的。这些地下水帮助村民熬过缺水期，是全村人的共同财产。也许是根据村民的人数，才确定了这片白色区域的规模。当地下深处储藏有充足的雨水时，这些小小的清真寺就成了真正的天国。

艾吉姆（Ajim）的清真寺

中国：观宏大风景有感

这次旅行是在日中建筑技术交流会成立之初，中国面向我们开放的第一次长期之旅。时间上正值"文化大革命"的末期。这次旅行就成了观览中国大陆，专注把握中国风景的旅行了。我发表的文章中还有关于《人民公社和村镇》的一篇，此处只好割爱了。

"扩大范围，成立集会"：没有围墙的广场

以前，我们总是在电视机上看国庆节几十万群众聚集在天安门广场上的报道。当看到周恩来逝世时天安门广场的景象时，感到非常不可思议。自那以后，每逢国家的节日庆典，天安门就会被作为典礼的中心。比起庆典时的天安门，我更想看的是平日里的天安门。终于，到了1976年，等到了这个机会。刚到北京，我便从住宿的酒店赶往天安门广场。按照地图上显示，本该是很短的距离，却走了相当长的路。其实刚开始没走多久，我便意识到地图上的比例尺有误。当我看到眼前出现的天安门前群众聚集形成的"水平团块"时，我又意识到了视觉上的差异感。天安门的宽广似乎是无止境的，让我有一种"掉入了不同的重力场"的错觉。我一心只想着要横穿这个气势压倒人的广场，可似乎稳不住身体重心了。只感觉身体一个劲儿地往前倾，不停地赶路。

　　第二天清晨，我见识到了灰色的自行车大军，沿着长安街横宽百米的大道，一齐往东行进的壮观景象。车轮进行的声音、逆风前行的沉重声响打破了天安门广场原有的寂静，简直好像洪流奔涌一般。此刻的天安门广场蔚为壮观，展现出的是人与场所之间的强烈反差。

　　说到广场，在联想到宫城前广场或是车站前广场之前，通常日本人会先在脑海中勾画出欧洲的广场的大小。这些广场被建筑所围合，有着合适的大小、人性化的规模，具有愉悦人心和休闲的功能。欧洲的广场普遍给人这样的印象。当然也有一些更大型的，具有纪念意义的广场，诸如威尼斯的圣马可广场，马德里的马约尔之类的广场。像墨西哥城的索卡洛广场、莫斯科的红场，这样的大广场也能让人读出被围合起来的意图。但是天安门广场有着与其他广场截然不同的宽广，刷新了我对广场的认知。首先那种宽广度真无法与"人性化"这个概念联系在一起。与此同时，也无法轻易地把这种宽广度与大陆特有的庆典规模联系在一起。

　　天安门就是故宫的门。它的南面还有包裹外城的城墙。沿天安门东西走向的长安街，分别在东侧开建国门、西侧开复兴门。长安街沿东西向长 40 千米，现在是北京的城市主轴。它的道路宽度从 20 米拓展到 40 米，再到 100 米。同样地，天安门广场也进行了扩建。根据数据，由初期的 11 公顷到现在的 500

米×800米，扩大到了40公顷。为纪念新中国成立十周年而建的十大建筑之一的人民大会堂面向东侧，中国革命历史博物馆（现中国国家博物馆）面向西侧，这两座建筑都向后退了100米左右，为的是要留出前庭的位置。说来广场的实际宽度能达到60公顷以上了吧！1977年11月动工的毛泽东纪念堂（按中国传统样式建造）矗立在广场南侧，但是这座建筑也不是能够围合住广场的建筑。也就是说，天安门广场是一个罕见的没有围合物的广场。

故宫是墙壁和建筑基座严格地遵循着直线轴排列，天安门广场则完全不同。这与历史学家弗莱博士所说的中国古典建筑中基本的主题包含"运动主题"和"通行主题"似乎很吻合。如果要再加上一个主题，则应该加上"集团主题"。广场不是只站在个人行为、个人感觉立场上的场所，而是让人们的日常生活联动起来的场所，也可以说是群众奔跑穿行的场所，是一个不能实现围合的场所。将重点置于"宽广度"上，这是一个象征着集团社会的宽广度。如果这样去想，天安门广场就能与某种特殊的意象联结在一起。它是一个表达"要进行建设的决心、对统一的企盼、集体的力量、中华民族的情感"的"表达广场"，而且还是一个每天人民聚集、通过、活动的"通行广场"。不管是哪一种，这个广场都是以"集体"为第一位的。

在中国，"以集体为中心"的主题是通过广场的宽广来表现的，那么个人的空间要通过什么样的主题来展示呢？当下，集体住宅的建设才刚刚起步，我还没有在其中发现"个人的主题"，但是我认为在下一个时代，这将成为最吸引人的中国风景。

"植树、引水"：孩子们种下的是何物？

在北京和中国其他城市，我都见到了孩子们植树的场景，孩子们熟练的植树技能几度令我惊叹。他们接待起我们来，总是带着像大人似的笑脸。近来，我总听到去中国旅游的日本人回国后常谈论起比较两国孩子的话题。他们说，和日本孩子相比，中国孩子显得更有朝气。他们大概都是通过和负责外事接待的孩子们接触后获得的体会吧。在"红卫兵""红小兵"聚集的少年宫里，他们欢迎外宾的做法，给人一种一板一眼、过于拘泥礼节的感觉；可到了户外，在街道上三五成群挥动铁锹植树的孩子们，看起来是那么放松，真是招人喜欢。

我觉得"孩子"和"树木"是瞭望中国未来的望远镜。通过这两个镜头，中国的未来正在通过现代中国国内实施的一系列改革，向世界传达着自己的行动。

正如同我们对于正在生长的东西，会心生怜惜之情。这和农业持续播撒未来种子的时间感非常相似。

郑州的行道木

人们并不会对自己所处的时代抱有期望，而总是对下一代寄予厚望。人们是否将这种期待化作一种遗产交给下一辈人，这会给下一代人的世界观带来根本性的差异。也许这样说有些夸张，但至少存于人们脑海中的观念会给日常生活带来很大影响，比如隐忍精神、持久力、洞察力、冒险精神等品质会成为改变未来的重要因子。

　　这是一场初春之旅。北京白杨树、郑州悬铃木的行道木[1]非常壮观。在广州访问的某个晚上，散步时偶然看了一个植树展，听了他们作的报告。据说在好几个

---

1. 行道木中常见的树种是悬铃木、梧桐树、白杨树、青桐树、槐树、合欢树、柳树。其中以悬铃木和白杨树为最多。在南方还可见杏树、杧果树。据说选择种植这些树种是因为它们都具有树冠硕大、绿荫浓密、树形优美、适于造景等特点。

人民公社里，都种植了包括果树在内的几十万棵树木。
我还听到了这样的报告："一次种上一排树，然后进行
密植，增加列数至两排或三排，使绿化量加倍。"

恐怕正是因为孩子们如此卖力地种树，所以我在
北京听取的介绍中就说，"北京的植树量在短时间内
就达到了两千万棵"。到了夏天，由这些行道木织成
的绿荫会使街道比公园覆盖的绿色还要多。顺便一提，
日本的城市公园人均 3.4 平方米，而首都北京可达人
均 4 平方米以上。我认为如果不包含北京市内街区行
道木的面积的话，恐怕达不到这个数字。

我们享受着火车旅行带来的乐趣，还到访了郑州
和武汉这两个分别跨越黄河和长江的城市，然后在桂
林乘船游览漓江。在那期间，我亲眼看到了经过灌溉后，
光秃秃的山丘被绿树覆盖，还参观了在山上建起的梯田
式果树林。我们听取了很多水利和植树的成果报告。当
然，这其中也不乏一些夸大的说辞。这些对国家形象的

郑州的行道木

　　宣传，就如同流经国土的大江大河一般，给人一种浩渺之感。可是每当看到孩子们种下一棵棵树木的时候，我的心中对于这种国家形象宣传就会加深一层认同。

　　"从南方调水至北方。抽调大量水资源，彻底改变'南涝北旱'的水资源不均衡状态，使中国960万平方公里的大地上遍布水路网，让中国的广大农村被绿树环抱，变为富庶的鱼米之乡。这虽然还只是我们的理想，但是这绝不是遥远的未来。现在凭借着我们的双手，这一切都在逐渐变为现实。"（《新中国25年志》）

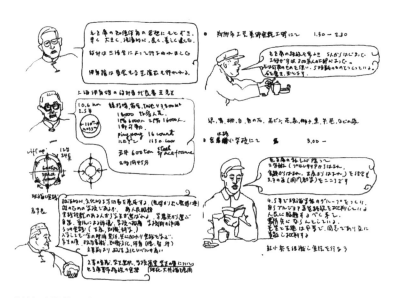

热情细致的讲解和个人阐述（于郑州市工艺美术实验厂）

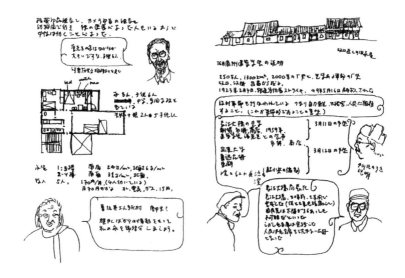

热情细致的讲解和个人阐述（于湖南省建筑学会）

被隐藏的巴黎：闪耀于都市背后的光芒

会呼吸的小巷的光彩

不知从何时起，有关巴黎的拱形廊街的介绍也开始见诸一般性的杂志之上了。

有些杂志当发现所谓的"真正的巴黎"时，就会做上一番天花乱坠的宣传。这些宣传有时夸张得让人望而却步，却也能让人感受到花费很长时间终于觅得真正的巴黎的那种喜悦之情。比如想要巴黎一日游时，我肯定也会选择首先去巴黎皇家宫殿周边。这样说听上去好像"巴黎通"似的，其实那一带是巴黎的中心，汇聚了很多来巴黎观光的外地人。只是在这靓丽大道的背面，隐藏着真正的巴黎。

踏足其中，将会完全改变你之后的行进路线。虽说只是散步，但毕竟是很重要的出发点。

我最钟情于巴黎的拱形廊街。它与大道毫无往来，独自悄无声息地生存着。"passage"是一个法语词，指带有玻璃屋顶的小巷子，字面意思是供人日常往来的小路。那些大街、大道就不能用这个词来称呼了。我这次选择的拱形廊街探秘之旅的起点——巴黎皇家宫殿，它的历史可以追溯到18世纪初，是一个木结构的、带有玻璃屋顶的城市社交场所遗迹。正是历史上拱形廊街诞生的地方。那是一个被暗淡的石头回廊所包围的娴静的中庭。这里兼具"神圣"与"世俗"的神奇氛围，至今仍然是城市的中心。

穿过那里的回廊，继续往北边散步，向着与国家图书馆相连的街区前行。进入街区便能看到华丽的科尔伯特廊街和薇薇安廊街这两个拱廊街中的杰作。于19世纪20年代相继完成的这对"拱廊街双生子"，是为数不多的以奢华装饰著称的拱廊街，被公认为至今仍然保持着明艳光彩的拱廊街代表作。接下来从那里往南走两个街区，就到了全景拱廊街。这个拱廊街是一个小巷风格的街道。从这条小巷中人们可以依稀感受到在华丽回廊盛行的19世纪平民生活的种种景象。它有着质朴的玻璃天顶结构，在天窗投射进来的光下，五颜六色的商店招牌令人眼花缭乱。在光与色彩的搅拌下，店铺的排列显得有些杂乱无章。在这个封闭的空间内，人声嘈杂仿佛产生了回响。这是藏于城市背后的一个浓密度空间。

在这个迷宫中巡游一番，然后从拱廊街的北门出去，就来到东西向横贯巴黎市中心的主干道路——奥斯曼大道的延长线上。横穿这条大道，道路对面还可以见到其他拱廊街身影。隔着大道对面的回廊有个小门，那就是被奥斯曼大道截断的拱廊街的"切口处"。从那个截断面开始就是巴黎的另一个拱廊街杰作——茹弗鲁瓦廊街了。这条廊街也是一条窄小的笔直的廊街，但是它那雅致的细节、精美的玻璃工件、兼具可爱与典雅的外观，使它成为当之无愧的街巷中的"名媛淑女"。

廊街内部的建筑也是蜡像馆、酒店等非常具有个性的建筑。在这里可以一睹与全景廊街性质完全别样的风景。小路是成直角弯折的，从古董店和旧书店中间穿过去，前面是一条名叫维尔杜的拱廊街。

茹弗鲁瓦廊街

光是沿着刚刚这南北向 600 米的回廊小路走上一圈，就可以看出拱廊街是如何紧紧地包裹着周边街道的历史的。其中包括拿破仑三世和奥斯曼男爵联合起来强硬推行城市改造计划的时期，以及为了抵抗这种强行改造，支援原有街道而产生的来自巴黎城市内部的抵抗时期。这些拱廊街始终没有失去它的勃勃生机，它让漫步于其中的行人们流连忘返。

步行者们的城市改造技术

巴黎的外部景观是外凸式的，是一种拥有向外凸出的坚硬外壳的清晰的景观。与之形成对比的是像拱廊街这样的内凹式的回廊景观。它有着如同身体内脏般柔软的质感。这一凸一凹两种景观相得益彰，为整个城市景观带来了深邃感。

在令人眼花缭乱的大道上，被流行装点的时间流动不止，从不停歇。外凸式的景观在时光长河的冲刷中逐渐老去，而内凹形的拱廊街却不然。从古至今，自由阔步于其中的人们所看到的风景几乎不曾改变。在拱廊街中汇聚着人们对旧街区的全部记忆，悄悄地留存着这个城市未曾改变的部分。

我们都知道一个常识，就是通过光可以增加热闹繁华感。因此，在城市中提高了密度的空间里，都是采用了引入光亮的手法，这是一段把光进行空间化的历史。想要获得更多光亮的意愿运用在回廊上，就诞生了拱廊街的多样变化。于是人们创造出了更高效的获取光的技术，以便提升繁华感。人们对光的不懈追求或者说享受城市漫步的文化，在进入19世纪以后，一下子刺激了铁与玻璃技术的发展。经过了工业革命，现代技术已经走入普通市民的生活。光已经开始均等地遍布城市内部的各个角落。因此，从"光的街道"[1]的历史来看，人们开始意识到城市外部与内部的这种新型关系的重要性。于是从城市漫步者呼声较高的巴黎，开始了拱廊街的建造。

光的街道在欧洲，从巴黎到伦敦，又到米兰，再到地方小城市不断扩展。最开始它们不是作为城市外部的标志性景观，而是居于城市内部不起眼的地方，但又是人们生活必需的舞台。然后以"游击战的形式"逐步地渗

全景廊街

1. 《光的街道》（光の街道，丸善）这本书的出版时间是1989年。在这本书中主要论述了巴黎、伦敦、那波利、莫斯科等地的拱廊街作为城市中"有生命的活的空间"，应该进行重新研究。

透到全世界的后街小巷之中。

　　进入 19 世纪以后，人群密集的大都市多次被要求进行城市改造。比如其中一方面就是奥斯曼的城市改造计划。这是统治阶层发起的自上而下的城市改造，而另一方面也有市民阶层参与的自下而上的改造。在对城市内部阴暗肮脏的角落进行的改造中，拱廊街作为一种"小的改造技术"获得了广泛的共鸣，它是一种公认有效的城市改造法。铺满"光的大道"的城市是不会失去活力的。那是因为城市内部的神经系统在发挥作用，如同持续进行着新陈代谢，让各个细胞始终保持活力。对于生活在这个城市中的人们来说，城市空间就是这样有机自然的存在。

开罗廊街

在拥有各种城市问题的大都市中，平板玻璃和铸铁大量生产。这两种现代技术的成套组合，助力加快了城市建设的步伐。19 世纪初，从窄小的巷子开始，细长的"光的小路"乘着现代技术发展的列车，在 19 世纪中叶逐渐变成大型的"光的建筑"，之后更是向城市的主干大道、公共建筑、纪念标志建筑逐渐拓展。

以这个时间为分界，在英国建立起了车站建筑以及温室等大型公共建筑的原型，在意大利的米兰出现了被称为廊街（gallery）的包覆整条大街的"光的大空间"，在俄罗斯的红场前出现了古姆那样拥有巨大空间的现代市场。

早些年我在澳大利亚悉尼见到的维多利亚女王大厦是于 1887 年建造的。它旁边的斯特兰德拱廊是 1892 年建造的，是将拱廊和百货商店组合起来的大型"光的街道"。它们都已经走过了一个世纪，但至今仍散发着无穷的魅力，是周边商业区的核心。

虽然"光的街道"在各个国家展现的形式有所不同，但都是对城市外部与内部的特点进行灵活把握的结果。也正因为如此，这种依靠建筑和城市内部萌发的力量持续闪耀的都市背后的光芒，在当下更值得我们去好好研究，细细品味。

全景廊街

意大利，由北向南：广场、回廊、塔楼、屋顶

我将在意大利由北向南选取四个城市分析它们各自的特点。意大利的城市是在中世纪的所谓"自治体（comune）"的基础上建立起来的。所以意大利的每一个古代城市都拥有很强的独立性，也各有其个性。因此哪怕只是意大利的一个地方小城，它的城市的美术、建筑中也都保留了浓厚的历史气息。玩味起个中差异，根本没有尽头。在这里，我们按照四个建筑方面的关键词，选取四个城市来对它们的街区和民居进行观察。

广场：山上古都的中心 贝加莫

从贝加莫新城（Bergamo Basso）登上 300 米的高台，便是贝加莫老城（Bergamo Alto）。老城中以两个广场为中心建起的建筑群紧密地结合在一起，形成了古都的中心。老城是与新城相隔离开来的，老城仍保留着中世纪城市的原貌。这与意大利的任何一个"城郭城市"的中心区的风景都极为相似。而这里的建筑群纵横交错的构造和密度虽然不大，却反而显得中心部分格外高耸。尤其是因为旧城远离新城，旧城与新城位于上下两个不同空间。不仅如此，在时间上也感觉旧城与新城相差一天似的。足不出户就可以感

大教堂广场、维基亚广场写生

受到"云端上的另一个世界"。构成中心城区的主要
是四个建筑：布满文艺复兴风格装饰的科莱奥尼礼拜
堂、折中风格的圣玛丽大教堂、曾经作为市政厅的拉
焦内宫，以及坐镇在城市深处的主教堂贝加莫大教堂。
但是这些全都是小规模的建筑。这些建筑与老城中心
的两个广场——大教堂广场和维基亚广场相互重叠，
在城市中心区构筑起了高耸的整体风景。

　　但是又没有一座建筑是卓然独立的。在意大利的
城市中，建筑们大都建成了相互结合、相互穿入、相
互依赖的形式。所以在这里要想把每幢建筑区分开来，
必须要借助门、门廊和装饰物的力量。比如通过科莱
奥尼礼拜堂的正面和圣玛丽大教堂的装饰性门饰，就

能辨认出它们是两个各自拥有独立内部空间的建筑。

　　一般来说，意大利的小城市的广场很少有方形的，就好像有意拒绝方形广场似的。他们把广场做成不对称的形状，通常是建成两个或三个小广场的联合体。它集广场的多种功能于一身，比如仪式、集会、宗教庆典、政务活动等正式场合需要的功能，与此同时还兼具市场、散步、休闲等日常生活的功能，广场上井然有序。在建设广场时，并不是从一开始就计划好广场的形式，而是随着城市的发展，让广场自然而然地得到完善。随着时间的打磨，意大利的广场发展成了完全满足人们日常需求的规模了。

　　贝加莫老城的广场也是属于不断"繁殖型"的。大教堂广场呈向心状，与纪念性建筑物的正面靠在一起。它与面向大道呈开放式的维基亚广场形成对比，但是两个广场却是邻接着排列的。这两个相邻并形成鲜明对照的广场能相互融合并发挥出戏剧性的效果，是因为处于二者之间的拉焦内宫在起作用。更准确地说，是由于有了拉焦内宫一层的连续拱门形的凉廊（能让光影和风穿过的空间）。

回廊：强制散步的城市　　　　　　　博洛尼亚

　　这座城市的绝妙之处就在于它的回廊，按照意大利语的说法叫"portico"。在博洛尼亚依靠各色优雅华丽的回廊对这座城市的空间进行了分隔。

　　在步入回廊之前，先从回廊的起点——广场开始
散步吧。位于博洛尼亚的中心广场，形状规整。但仔
细观察就会发现，广场离"对称"还有微妙的差距。
一方面，在宽度上制造出凹凸，在建筑的布局摆放上
营造出一种动态感。比如，比起中央的博洛尼亚主广
场（马乔列广场），位于南侧的圣白托略大殿才是主
建筑。好像是故意与位于北侧的波德斯塔宫的中间轴
线偏离似的。虽然两个建筑拥有一个共同点，都是文
艺复兴风格，但是在其他方面全部强调鲜明的对比。
圣白托略大殿的正立面非常雄伟高大，未完工的粗糙
壁面舒展地伸向天空。门面宽大的基座更衬托了建筑
的高大。而另一方面，波德斯塔宫正立面被水平分隔
成一道道横条状，每一条都由细腻精妙的装饰物填充。
一楼部分是采用科林斯柱式构成的连拱柱廊，将水平
方向的动态感扩展到整个广场。连拱柱廊呈东西走向，
与环绕广场的回廊是连接在一起的，也是整个城市回
廊的源头。这座建筑仿佛是在向世人夸耀着：它是作
为回廊起点的建筑。

　　这样的布局设计在具有仪式性的、纪念碑性质的
广场中是比较罕见的，但是从作为市民日常生活的场
所来看，这种设计倒是一个不错的方案。博洛尼亚主
广场因为有了在它西侧的海神喷泉和围住喷泉的广场
而变得更加充满活力，整个空间都跃动起来。主广场
的气氛格外欢快活泼。

博洛尼亚回廊写生

　　而在主广场的东边，沿着阿尔基金纳西奥宫旁边的道路，有一条南北走向直线形的回廊。它经由一幢博物馆建筑的狭窄空隙穿过市区。这幢博物馆曾经是阿尔基金纳西奥宫宫殿的东墙部分和意大利最古老的大学的一部分。让人印象最为深刻的地方是，在这里，作为学习空间的大学和回廊竟然是同一个空间起源。在这条回廊的北端向右转，钻过另一条回廊，就来到了拥有两座高塔的著名的"双塔广场"。

　　从"双塔广场"处，道路开始分岔。这时选择步入马乔列大道。这条大道两旁有着各种各样的回廊，好像是一个回廊博物馆。既有木架构的最为古老的回廊，也有像圣母忠仆大殿的前庭那样轻快明朗的回廊群。那条道路就是为漫步于城市的人们而搭建的绚烂舞台。

如果沿着阿尔基金纳西奥宫的回廊向南走，通过绵延 5 公里、带有 666 个拱形的圣路加拱廊，就会通向位于山顶的圣路加的圣母朝圣地。从市中心走到这里，一路上始终未曾踏出回廊外一步。站在山顶眺望博洛尼亚，不禁感叹这里真是一座被回廊环绕的"回廊之城"。

塔楼：攀比高度的各家各户　　圣吉米尼亚诺

在城市中建塔楼的做法并非始于圣吉米尼亚诺。博洛尼亚也曾矗立着 250 座塔楼，与这儿距离 25 公里左右的锡耶纳也有 40 座，位于托斯卡纳的卢卡则是曾经拥有 700 座塔楼的"塔楼之城"。为什么塔楼如此受青睐呢？那是由于塔楼是封建领主地位的象征。他们竞相建起更高的塔楼来彰显自己的权势。在封建贵族们为了相互攀比而建起更高塔楼的过程中，也改变了城市的景观。

在过去曾有 72 座塔楼的圣吉米尼亚诺，现如今只剩下市中心保留的 13 座了。其中最高的塔楼约 50 米。即便如此，现在城市中心的这几幢塔楼仍统领着整个城市的景观，这就是它带给人们的印象。远眺现在的圣吉米尼亚诺，组成它那特殊的丘陵城市景观特色的塔楼，并不是为了炫耀自己与众不同，而是市民们精诚团结的象征。就像我们现在所看到的，作为展示这座城市气宇轩昂的标志，这些高耸的塔楼建筑群是多么重要。

圣吉米尼亚诺的远景

　　圣吉米尼亚诺是一个形状呈星形的城郭城市，面积 20 公顷左右，南北走向较长。从城市中央，往南往北分别是圣马特奥大街和圣乔凡尼大街两条大道。在城市中心地区，13 座塔楼全部密集地矗立于此。因此说，塔楼群就是标明城市中心的地标，是辨明广场位置的实际标志。塔楼是由当时的各个封建领主自己建起的，面对着水井广场（Piazza della Cisterna）有 4 座，面向主教座堂广场（Piazza del Duomo）和埃尔贝广场（Piazza della Erbe）的各有 5 座。塔楼环绕着广场，是整个城市的名片。

上面提到的三个广场是连成一串的。它们与构成城市中心部分的建筑群相互交织，构成了这座城市独特的风景。位于圣乔凡尼大街前端的水井广场是一个底边长 40 米、高 60 米的三角形坡状广场。位于圣马特奥大街前端的主教座堂广场是一个 30 米 ×40 米的广场，它面向正面朝东的主教堂基座的宽大台阶，通过两座塔楼间的狭缝与埃贝尔广场相连。

此处值得我们关注的是，制造出广场与广场间绝妙连接空间的两座塔楼和凉廊的作用以及由主教座堂广场、埃贝尔广场和圣马特奥大街组成的缝隙间矗立的两座塔楼与台阶的关系。此外，主教堂的台阶，对着主教堂的波德斯塔宫的两座塔楼，以及在墙壁立面中央的二楼位置挖通的凉廊的作用也值得留意。这些现在依然还在使用的结构，就好像是舞台与观众席的关系。任凭谁都能一眼看出这是一个庆典空间的格局。塔楼起到了类似舞台帷幕前的台口的作用。圣吉米尼亚诺拥有由塔楼围合成的各种各样戏剧化的空间，让到访这个城市的人们情绪激动、兴奋不已。

屋顶：屋顶成群的造型　　　　阿尔贝罗贝洛

阿尔贝罗贝洛这个城市的风景让人觉得不可思议，如同从地里长出来的一般。整个城市的景观不是那种出众的漂亮，房屋的设计没有特别过人之处，也

没有什么特殊的历史建筑、绘画、雕塑。但是它拥有
自己的独到之处。我之前走访过的城市有一个明显的
共通之处：牢牢地确立中心区，然后以城市中心为辐
射点向四周发散，与各个房屋建筑连在一起。而阿尔
贝罗贝洛却与之前的城市反其道而行，呈现的是一种
逐步地"自然繁殖"而成的群体形态。

　　这座城市的魅力之一是房屋的原始形态。或者说
住宅这一生活空间的原初样貌，是以转化成风景的形
式直接表现出来的。原始的结构和那片土地拥有的建
筑材料相结合，建造出非常简单的圆锥形石灰岩民居。
有一种计算屋顶的单位名称叫"楚利"（trulli），

阿尔贝罗贝洛，"楚利"民居

这里的人们就用这个单位名称来称呼这种圆锥形的民居。同时在这种造型结构中，也隐藏着现代房屋所追求的一种简洁性。

这座城市的第二个魅力在于，"聚集而居"的这种城市原理是以一种很易于理解的模式化的形式表现出来的。接着，它的第三个魅力就是有建筑原型可依。虽然形成了模式化的建筑群，但是始终遵循原始建筑的基本造型规则，将城市景观打造成一个有机的整体——一个屋顶的集合体。

事实上，即便这样去解释，为什么会在阿普利亚地区位于火山岩台地的这座城市产生这般造型的建筑呢？我没有能找到答案。只是与它相邻的洛克罗通多、马丁纳弗兰卡、奇斯泰尼诺以及奥斯图尼等丘陵城市，无一例外的都是有着白色城郭的精致小城。这才是更凸显了阿尔贝罗贝洛"异端"的造型。

阿尔贝罗贝洛拥有"楚利"的地区位于小农院区和蒙蒂区。通常被介绍得更多的是沿着丘陵的斜坡伸展开的蒙蒂区，那里现在居住着 3 000 人，现存千余座"楚利"。在这一地区的城镇中，二到四个"楚利"组成一户人家，而周边的农村则有十几个"楚利"组成一户人家的例子。

一个"楚利"有 10 平方米，屋顶是直径 3 至 4 米的圆形，而房间是四方形，一条边的长度为 3 至 4 米。而更大型的"楚利"通常是用作起居间或餐厅，配有一个小的"楚利"作厨房。作为卧室用途的"楚利"中，在墙上开凿了多个凹壁形的床铺。除此之外，还有厕所、浴室、储藏室等多种功能的"楚利"，甚至还有气派的酒窖"楚利"。

"楚利"内部在面积上没有什么富余，而屋顶尖的部分在空间上是宽敞的。没有从外观看上去的那种洞窟似的压迫感。更难能可贵的是，即便是那些年代久远些的"楚利"，应对现在的生活依然很是自如，完全不过时。正因为如此，整个居住区才保留着旧时的风貌，名正言顺地成为了特别保护区。

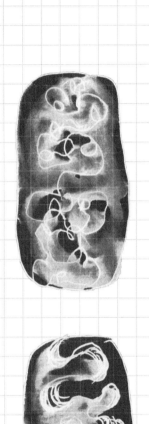
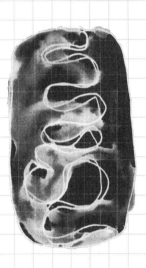

第
五
章

与
大
师
的
对
话

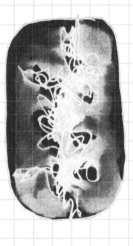

谈水景"对谈＝野口勇＋铃木恂"

　　这场对谈是于 1972 年野口勇（Isamu Noguchi）先生（1904—1988）下榻于福田屋时举行的。野口勇先生帮助设计日本世界博览会（EXPO'70）的水景，在对其前后事宜进行一番畅谈后开始了这场对谈。这也是为了当时某个杂志的特辑而专门策划的一场对谈。当时由于种种情况最终没能印刷出来。这场对谈进行了很长时间，我对自己发言的内容进行了一些删减。野口勇先生的发言则尽可能地保持了原样。文责我负。

　　我很有幸生活在巴克敏斯特·富勒、路易斯·康和野口勇三位大师彼此推崇和相互合作的时代。特别是在遇到野口勇先生之后，我从先生那里获得了很多关于创造风景可能性的灵感。

　　铃木：今天我和先生事先没有定下具体聊什么，是因为有关水环境的所有内容都是我们今天谈论的话题。首先我想来说说野口勇先生参与设计的大阪世界博览会（1970 年）的喷泉计划[1]。先来说说那个喷泉。

　　我在很长一段时间里，一直对水和环境的关系很

---

1. 1970 年，在大阪举行的日本世界博览会（EXPO'70）的基础设施中的大喷泉群的设计中，我作为野口勇先生的助手建筑师参与其中。

感兴趣。这里所说的水并不是狭义的物质的水，而是将其置于大自然中或是放在生活环境和城市环境中来思考。以这次的工作为契机，我有了这种认识。

我的另一个收获是不要拘泥于"喷泉"这一技术概念，而应以更开阔的视角来重新认识水景。要设计喷泉，就必须要从有关水的全部概念和意象出发，去描画水与自然的关系。这个"自然"不光是我们身边的大自然，而是以整个宇宙这般宏大的"自然"为对象（去思考水与自然的关联）。我很荣幸有机会参与这次"喷泉计划"，它让我思考了许多。如果不从这个基础上再出发的话，今后很难描画出全新的水景形象。

喷泉群写生

野口：是的。我借助世博会的喷泉想要表达的是，将流动的水变为喷泉，在日本过去是没有过的。在日本，以前都只会想到"天然流动之水"。"喷泉"一词，听上去总有些奇怪，那是因为用机器使水向上喷涌，似乎失去了天然之感。但也正因为如此，才让人们对喷泉这种东西产生强烈的兴趣。把喷泉引入日本世博会，是一种很先进很时髦的做法，所以成就了这个"喷泉计划"。

说到真正的喷泉，我们会想到过去罗马的喷泉。那是雕刻与水的结合，以自然的水流居多，而现在罗马车站前也有一个新喷泉，水是机械性地升上来的，不再是过去人们推崇的那种老式喷泉了。我想人们不应该去过分强调机械的力量，在未来我们还要思考一个问题，既然我们为的是观赏流水之美，那么是否还有必要让机器显露于喷泉的外部呢？

铃木：没错，喷泉的英文叫 fountain，泉水也是用这个词。泉水是涌出地表的水，我们在思考喷泉的造型时，应该去打造出一种自然涌动的意象，而不是靠装置把水喷射出来。

野口：在西方，提到 fountain 一词，会衍生出很多意思。比如：fountain-muse 就有种"饮用此水，便可返老还童"的意思。

铃木：日语中将这个词译为"喷泉"，"将水喷出"，属于直白地描述眼前事物，让这个词带有了机械性质。

落下的水柱

野口：是这样的。我觉得日语翻译的也是对的。的确，日本那种美丽的流水之态，用机器也一定能做得出。我们可以使用机器打造出自然之感。近来不怎么能看到机器了，但是机器的确为我们出了很大力，使我们的生活变得更美好了。比如在美国，家里的冰箱一定不会摆在屋子正中，而是隐藏在某个角落。空调也是如此，一定是装在不显眼的地方。所以说这种"看不见""听不见"的机器不是也很好吗？

对我们来说，重要的是要营造出水的美感，所以使用机器也无妨。人们自身可以感受得到到底是真的还是仿品。

铃木：我过去一直觉得，日本人对于水的理解，有着不同于其他国家的独特观念，所以一直担心是否因为使用了机器，这种独特的自然观念会消失不见。

野口：不会的。比如罗马，古时候从很远的地方把流水引入城内。不仅是日本，世界任何地方的江河、小溪的流水，在我看来是人类与自然关系最美好的体现。说到自然，在世界上是以不同的形态呈现的。比如降雨，那是从天上掉落的水，不知是来自哪片云彩，这一点就很难用机器来模拟。这个问题也是这次世界博览会的喷泉让我想到的。

铃木：这次世界博览会的喷泉中，我们还研究了雾和梅雨。"用机器来表现自然"这种说法有些夸张了，但是我们的确要从自然中学习更多的造型知识。正好我前一阵子去了加勒比海沿岸的国家旅游，看到了绵延几十公里的未经修饰的纯天然海滩。我当时觉得那真是最美的天然水景。我们如何最小程度地借助人工的手段，去把那么宏阔的自然用另一种尺寸来描绘，这点真的很难。但是多思考一下如何把水与其他的自然形态结合起来，这倒是一个很好的主题。世博会的喷泉就是以自然中的风与水的形态为主题而设计的。那是通过对原始自然的想象而设计的形态。不管怎样，一直以来我们总是以一种简单而且机械的方式去思考喷泉的。如何把这个思考过程紧紧地与自然的意象连接起来，这才是今后要展开的课题。

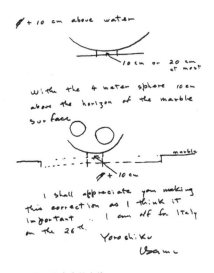

野口勇先生的来信

野口：重要的是，在喷泉中需要放入某些特定的装置。我们在这次的喷泉设计中也放入了许多装置。

铃木：这次的喷泉设计还请来了喷泉协会（大型机械制造商的联合），各大主要的喷泉技术厂家都到齐了。我想正是有了他们来为我们做支援，才推进了那个喷泉装置试验的成功，您觉得呢？

野口：我觉得日本的喷泉装置中，给我印象还不错的是墨西哥城的卡米诺·里波尔兰科酒店的喷泉[1]。打造出了一种天然海洋的感觉，很不错。那个装置是日本厂家制造的。

1.装饰于墨西哥城的一家酒店入口处的喷泉。设计者为里卡多·列戈达。

铃木：据说那是一个由机器的错误产生的成功案例。整个池子被雾所笼罩。走近一看，像是一个把喷泉池掀翻了一样的巨浪打到水池的边缘，用来展现水的疯狂之态。是一个彰显墨西哥风格的装置。

看到那个喷泉让我不由得想到与它形成两极对比的枯山水庭园。将自然之景抽象化，以水的形态作为象征，但是水却消失不见。这应该叫作达到了装置的巅峰吗？

野口：枯山水是最具未来感的喷泉。正因为没有水，才给人最时髦的感觉，也是最省钱的做法。

铃木：枯山水要求观赏者具有纤细敏锐的感受力。日本人不仅对水，就连对水的声音都有着细腻的感受性。

野口：我觉得这一点非常重要，必须要朝这个方向努力。只是用机器来制造喷泉，缺少了宁静感。这一点还有待解决。因为在一片寂静中聆听流水声是一种令人身心愉悦的事情。水滴落在净手池上和石头上会营造出一种自然之感。生出青苔的地方也会给人一种纯净自然的感觉，所以是否能考虑在有水的地方点缀一些青苔呢，这些问题我们都该去思考。

铃木：水本身具有的宁静感，以及如何让人能感受到这份宁静，这些都是重要的课题。有时那些通过强力喷射出来的水在人的眼中也具有宁静感。听着瀑布的声响、波涛的声响以及小河的潺潺水声，都会使人内心平静。不知这在心理学上作何解释，但却都具有重要的风景意义。奔腾轰鸣的水声却能营造寂静的效果，这就是水所具有的魔力。我之前听您提起过，现在能不能再请您给大家讲一讲您被委托设计美国时代广场时的一些故事，您是如何在一个城市的尺度下创造水的宁静的？

野口：当时他们邀请我设计时，我先去实地考察了一下。发现在那片建筑用地的旁边，汽车来回通行，噪声很大。我当时就想，必须首先去除这种噪声。我的建议是首先把广场的高度下沉，降到比汽车道再低一层。然后把人行道通到地面上，将各家各户全部连通。再然后在广场中央放置一个大喷泉。如果喷泉发出很大的水声，那么汽车的声响就会被喷泉的水声消除。我当时就是这样给他们解释的，但是他们是私人团体，自然也会向其他人征求方案，最后他们把这个项目给了菲利普·约翰逊。我不明白为什么要交给他。达拉斯感恩广场也是他设计的，还有肯尼迪纪念碑。从照片上来看还是挺漂亮的，除了长方形墙壁之外没有别的。但是在日照那么强的地方，却还放一面白色墙壁，怎么看都让人觉得乏味。我总觉得在这样的地方还是应该添加上生出青苔的雅趣才好。换作是我，会设计成有水并附着青苔的景致。我觉得在美国也可以多营造出一些清泉流水的氛围来，应该多把眼光投向那些微小的自然之景。它更能唤起人们贴近自然与自然相连的情感。

　　铃木：通过这次大阪世博会的水景设计，我最大的收获就是体会到了：就算是一个微小的自然之景，只要把它们巧妙地相连，就能营造出一种宏大氛围的水景。当然了，为此我们需要不断去精进喷泉装置的研究，加深对水的意象的领悟。水中潜藏着巨大的可能性。

　　野口：你知道劳伦斯·哈普林吧。你看过他设计的两个喷泉吗？那种设计就是我所说的"石阶上要长出青苔"的感觉。只是如果换作在日本，就会加入不一样的自然之感吧。

　　铃木：哈普林设计的波特兰的喷泉[1]全是阶梯式的人工瀑布，喷涌出的水和跌落的水都处理得很有戏剧性，美轮美奂。我觉得这才是喷泉中的杰作，而且还是市民们戏水的一个很好的去处。

　　野口：这是一种很好的做法。只是水泵公司还是以多卖出水泵为目的，因此他们希望有大量的水流出来。就好比电力公司想多出售一些电是一个道理。这点是我所担心的。

　　我以前就曾经说过，如果能想出办法把喷泉和制冷技术整合在一起，是非常有价值的。为什么这么说

---

1. 波特兰的喷泉，由劳伦斯·哈普林设计，是城市公园中的杰作。依靠水景将三个小公园联结在一起。

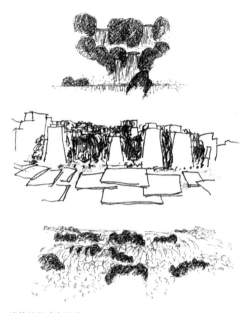

波特兰的喷泉写生

呢？假设喷泉同时具备了这两种功能，那么如果不开喷泉就不能降温。这样一来，喷泉在夏天就会运转得很好。而到了冬天会结冰，所以不需要。如果没有这两种功能的连带关系，小气的美国人就会停掉喷泉了。"是否会花好多钱？有没有人看？……"就会因为种种理由不开喷泉了。到头来，什么都没有这在美国倒成了最好的办法。

铃木：我也觉得当时世博会的喷泉，如果能与地域制冷装置更好地结合起来，将会更有趣。但是当时什么"喷泉的顺序"啦，"如何连接会场的电脑"啦这些问题就把我们折腾得够呛，却没能做点更有意义的事情。把喷泉和空调、暖房、洗浴等结合在一起是个很好的主意。

野口：但是现状是建筑师只做建筑，制冷公司只做制冷。大家都怕麻烦。把二者结合做起来会很麻烦，所以没有人愿意去做这件事。但是我觉得需要有人去做这项研究。其实这是种很经济实惠的做法。应该让喷泉变得更节约、更具经济性，不能只把喷泉当作一种装饰，应该多多考虑它的实用性。

铃木：我们现在所见到的喷泉，多数还只是从装饰性的角度来设计。这只是对喷泉的片面理解。并非它的全部意义，我们应当去把喷泉与资源生态学结合起来去设计。

野口：我们不需要没有实际意义的装饰物。怎么做才能让喷泉更具经济性？这是重点。能源从何而来？看清这一点是最根本的。我前几天也提到过这些。在好多地方都建起喷泉，这固然不错，比如建在海里、河里。如何能把能源输送到那里？或者，还有什么不同的获取能源的方式吗？直接获取太阳能或是从海水的涨落中获取，我们多从这些方面动动脑筋如何？

铃木：位于罗马东部的蒂沃利市的喷泉，就是利用了水跌落的力量，实现了所有喷泉的喷水，制造出了精美绝伦的水景。利用的就是山丘的高低差。日本的城市斜坡，很多其实可以参考蒂沃利的做法。

野口：蒂沃利的喷泉没有借助机器的力量，全是

佩雷公园

依靠大自然之力，的确是太了不起了。现在纽约最好的一个喷泉，在佩雷公园[1]，是一个非常非常小的口袋公园。这里原来是一幢建筑物，拆除之后建起了这个公园。公园本身真的是很小的，园中栽着许多树木，树木间摆放着休息椅。在公园最里面是一道水幕墙。它是一个水幕瀑布型的喷泉，能发出很大的水声，这样一来掩盖了汽车的声响。置身于其中会让人感到身心舒畅。

铃木：佩雷公园的喷泉不是"喷出"的水，而是"落下"的水。水落下时会发出声响。水与声音的关系、大自然的声响都是自然环境的组成部分。只是，

---

1. 佩雷公园，位于纽约超高层建筑群之间的水景公园。

那些即使很大也能算作优质的声音的，只限于钟声、水声罢了。

野口：的确如此。

铃木：野口先生，您曾经说过想在喷泉中尝试着与机器的声音进行组合。我想，从中会产生出与现代音乐所追寻的相一致的自然之声吧。

野口：我一直想把水声和风声通过喷泉进行"中转"，因为这象征着大自然。

铃木：而且您还说，把世博会的喷泉往"宇宙"这个意象上打造，其中要有"银河""彗星"等意象，并且把这种意象扩展成为能听到水声的世界。这真是个激动人心的设想。

野口：现在人类可以登上月球了。大自然中还有很多我们未知的部分，与我们已经了解的大自然不相同的部分。宇宙中的自然，想象一下，可以在水的流动中感受得到。比如火箭升空，其实是火的力量。即使不是这样，那么无论是水，还是水的声音，都能做出同样的感觉。

铃木：这种"把握更广阔的环境"的理念是全新的。

野口：我是做雕塑的。我所思考的是雕塑与水的平衡。如果雕塑过强，水的感觉太弱，就不好了。水从何而来？又为什么流到这里？这是很有意义的话题。如何把雕塑这个部分价格做低，而把钱多投在水的设计上，我觉得这很重要。于是我尽可能把雕刻物简单化，而加强水的设计。最近旧金山新建的喷泉，雕塑的造型过于奇异，再怎么设计水也没用了。不能用雕刻品来模仿水的造型，反过来却可以。因为雕塑是不会动的，而水却是活的。

铃木：我们换个话题，城市中如何布置雕塑才好呢？我想您肯定经常思考这个问题。同样的，在城市中水又该以怎样的形式被用以点缀呢？水景的设置与规模如何调配？这些都是非常重要的规划内容。

比如走在意大利街头，基本上走在路上就能预测出有喷泉的地方。喷泉和雕塑打造出了一个特殊的区域带，营造出一种人与水和谐共生的环境。在瑞士小山村中的喷泉则更为朴素，从水龙头中汩汩流出。它既是喷泉，同时还兼用作饮用水。那是村里人聚会和闲聊的场所。人们以水为中心不断聚拢过来，而且还会出现各种家具。可以把喷泉的摆放方式、水的出现顺序，当作一个环境要素来考虑，一个迷你的水景就这样诞生了。我觉得这是点缀城市的一个非常有效的方法。

虽然我们脑海中已经建立了这种意识：在城市中多点缀些水的要素。但是如何来实施，这在现代城市中必须要克服很多构造上的障碍。也许有点像无稽之谈，让各家各户在一定形式上都与饮水处的建造关联起来是个方法。比如在各家屋顶上装满水，让水从一户流向另一户。这样一来，水还可以充当屋顶的隔热材料，到处都有水像淋浴似地降落下来可以玩的地方。最后，这些水进入公园的水池。

野口：你知道公园大道吧，那里边不是有个小公园吗？那个地方是一个坡。我就一直在想，如果能把那里变成一条人工河就好了。但是从哪里引水来、让水怎么流、怎么循环回去是一个问题。而且地形也总是上上下下的，确实是个难题。这个想法我没对任何人说过，我总在心里想，如果真能把那里打造成有水流动的街区，将会非常漂亮。下面过电车，电车有换气口，如果能利用好这个换气口，恐怕问题还是可以解决的。

铃木：从建筑物来看也是可以的吧。从那种玻璃幕墙上流下水来也不错呢。那样的话，公园大道的水景就太漂亮了。

野口：对了，在纽约有个喷泉迷。那个人造出了世界上最大的喷泉，把它建在了河里。但是用不了，因为河底太脏了，水喷不出来。如果你和他有机会见面交流一下就好了，把你那个公园大道的想法讲给他听听。

铃木：进行建筑设计时，我们往往忽略了"在哪里放置水景"的问题，总觉得如果安放一个水池，会不会显得地方更挤了？湿度太大了？最终就成了一个缺少水景的设计。所以我现在也正反思这一点，努力使水景在空间设计中复活。我现在终于想明白怎么解决了，在空间比较小的时候，可以设计成垂直落下的水景呀！

野口：近来在美国，逐渐开始利用地下空间设计水景。例如大通曼哈顿银行的喷泉，就是在地下的。银行下面有地下七层，如果漏了可就麻烦了。在纽约林肯中心有亨利·摩尔的雕塑，但没有给雕塑配水景。雕塑建好已经有五年多了，但还是没有水。不知是担心会漏水，还是觉得往雕塑中加水比较麻烦，还是因为没有人看？美国常办这种事，很少有真正作为喷泉在使用的。只有佩雷公园的喷泉运转得很好，再找不出第二个了。大通曼哈顿银行的喷泉大概从前年开始出现供水不足的情况。是由于冷气消耗的水过多导致的缺水。其实喷泉并不是很费水，所以按理说没问题，但是开启喷泉遭到了许多质疑和负面评价，因此就只好关闭喷泉了。所以我才想当水景和空调联合在一起时就不会被诟病了。因为人们总是觉得空调是为人服务的，使用空调没问题。

铃木：大通曼哈顿银行的喷泉喷射得不高，也没有流淌得很急，这一点设计得很好。让水景以平面形式扩展开来，突显水的静谧，我认为这样很好。这种小喷泉通常只能喷到45厘米高，但现在也能让它喷得更高些了。从楼上俯视的话，如果是在阴天时，几乎看不到在喷水，只能看到水面在轻轻摇曳。

野口：因此我们常说，并不是显示力量感的喷泉就一定是好的设计，当然有些情况下是好的，但有时也不是。这要取决于广场和庭园的需求，因为有各种各样的设计需求。再者还取决于设计师本身。谁的口碑最好，谁的设计制作成本最低，谁最好沟通就让谁来设计。能满足上述所有这些条件的设计师就是最有价值的。

铃木：您长久以来一直从事喷泉的设计，那么您今后还仍然坚持把水这一主题做下去吗？

野口：其实我对喷泉并非特别有兴趣，但是有时也会做。比如 1938 年的纽约展览会上，福特公司的喷泉是我做的。我以传动轴和汽车引擎为主题，做成了一辆车子一边来回转动，一边从里面喷出水来，然后水又被吸回汽车挡泥板里的设计。喷出很多水来还是比较有趣的，那时亚历山大·考尔德做出过一个很大的喷泉，是一个将颜色和音乐有机结合起来的设计。

我前些天去了趟威尼斯。我对当地人说，这里最美的东西就是海边了。他们都有些吃惊，纷纷说"是吗"。我还说，那是最漂亮的庭园。反而他们自己原先没觉得。他们说，只是把水当作通行的道路。于是我建议他们，要想让这里景色更上一层楼的话，就建一些喷泉。诸如有些船只无法通过的地方，有些浅滩多砂石的地方，可以在这些地方布置一些喷泉。但是也存在一个问题，就是如何输送维持喷泉运转的能源问题。喷泉是比较费钱的。

铃木：那就必须想办法利用水自身的力量，让喷泉喷出水来。我觉得比起喷泉，威尼斯还有一个亟待解决的问题，就是想办法不让水岸边一直浸泡在水里。

野口：还有一个就是利多岛计划。据说他们要在那里搞一些开发。

铃木：是海滨公园的计划吗？

野口：那里水资源如此丰沛，按理说要利用起来。下次再去意大利的时候我会考察一下的。但是要推进这个计划还是很困难的。威尼斯小城已经非常好了，但利多岛还需要一些东西，比如一些标志性的建筑，一些可供人来拍照留念的，愿意来看看的东西。

铃木：这是一个需要举全城之力的计划。我原来还在想，在"水城"要建出"水景的名胜"是不是有些矛盾啊。在日本也有些喷泉的名胜之所。每当建起公共建筑时，都会配一处喷泉。这算一种公共服务。但是所有的喷泉都是向上喷涌型的。即便如此，人们还是能感受到它的好处，毕竟有个水景比较好。我感受到利多岛的地域发展构想是真下了决心的。

野口：在西雅图曾举办过一个喷泉设计大赛。最后获胜的是丹下先生工作室的松下一之先生。那个喷泉我看到它时只有一半儿在喷。为什么说是一半儿呢？因为据说是嫌它太费钱，就只开一半儿，至今仍然只开一半儿。但是就算只有一半在运转，也比什么都没有要强。怎样才能降低喷泉的使用成本，使它变得经济实惠，到如今仍然是个大问题。

铃木：要弄明白它的功效和影响。在超高层建筑中，要实现水景与广场的公共化，必须用便宜的水来营造水景效果，否则无法实现。

野口：如何又便宜又能展示出效用呢？我觉得还是要使用喷雾状的水。这样也不需要那么多的水量了。

铃木：世博会上的喷雾型喷泉就很漂亮。在增加水景的体积和面积上非常有效果。

野口：就在百事可乐的那个场馆里吧。就如同香水一般轻盈地喷出。

铃木：用雾气把建筑包裹起来的想法也非常了不起。真希望今后有人能多研究一下诸如位于山上、云中的这类建筑就好了。

野口：的确如此。如果利用这个原理，我们让冷却塔处于裸露状态，那么建筑物看起来就好像身在雾中了，不是很美吗？

铃木：实际上，利用瀑布之类的流水原理，我认为我们能造出更完善的冷却系统。在沙里宁设计的通用汽车技术中心大楼的水池中，就能看到把喷泉和空调结合在一起的最早的实验。螺旋状的喷射和喷雾的技术都是可以用非常小型的机器制造出来的，我很想尝试去制作类似于云雾环境的效果。

野口：这样一来，就变成了要去思考架设在上面的"造型题材"的问题了。造型与整体系统。

铃木：尤其是在风吹动环境下的造型很难弄。到头来，水环境的设计在城市中也需要采用流水、雾气等自然的形式。

野口：那样才是最经济的方法。那是一种被风吹动，在风中摇摆的水环境。

铃木：从经济性的角度来说，对现有的水环境进行再利用是很重要的。虽然水体已经污染了，比如护城河、运河、小河、小溪，我们需要开动脑筋想想办法，防止水体继续腐坏下去。包括海岸的再生工作，因为无法建起新的来了。一边进行这项工作，同时在城市中增加有水的场所。这样一来，我想一定能使水融入到我们生活的风景中来。今天真的非常感谢您的分享！

喷泉群和节日广场

场所的记忆——演讲：吉阪隆正全写生的世界 [1]

全写生的数量和特点

晚上好！非常感谢各位前来参加今天的演讲会。特别是趁着大家刚看完写生原画，印象还比较深刻的时候来听这场演讲，我认为效果会更好。

我们将此次吉阪老师的全写生展取名为《吉阪写生的世界》。但事实上，并非是老师的全部作品。正如各位所看到的，画册背面有的也作画，因此我们就必须要在如何展示上动脑筋想办法，展览馆入口的大厅放着两三本很经典的两面作画的画册。放在橱窗中进行展示时，要让观览者两面都能看得到。当初布展时，我们想着摆成一条中国龙的形状，否则就无法展示出内外双面了。这次展览虽然叫"全写生"，但实际上只是老师全部作品的 60%。

若是问吉阪老师的全部写生作品总共有多少，我们称为"折页画册"的集印帖大约有 140 册。再加上

---

1. 吉阪隆正（1917—1980），建筑家、城市规划家、登山探险家。历任早稻田大学理工学院院长、日本建筑学会会长等职。作为早稻田大学著名教授，也因其标志性的胡子而为人所熟知。他同时也是一位游历广阔地球的行者，用其特有的方式探索异文化。行至地球各处，记录着与各个地方相遇的感动，留下了数量众多的风景写生。现存的写生包括：A4 速写本 20 册、俗称"折页画册"的集印帖型画册 140 册。遗憾的是，有三成的画册已经佚失了。这些同其建筑作品、著书一样，在了解吉阪老师创作活动的宽广度方面是不可或缺的重要资料。此次演讲是为纪念举办《吉阪隆正全写生展》，于 2001 年在早稻田大学国际厅举行的。

2001 年《吉阪隆正全写生展》海报

A4 纸大小的速写本，这些速写的纸张虽薄，但纸质非常好，尤其以巴黎时代的速写居多，大约 1 300 张。我们展出的有 100 张左右，鉴于展出全部作品确实存在难度，所以还请各位多多见谅。

下面来说说我们是如何整理这些速写的吧。我觉得吉阪老师平素是不轻易将这些画作示人的，尤其是在我那个年代（20 世纪 60 年代）。老师年轻的时候画了这么多写生，却几乎没给我们看过。到了晚年去了中国后，大概从 1975 年开始，似乎才把这些写生大量拿给学生、弟子们看。至少在我那个年代基本上是难得一见。我有幸看过一两本，吉阪老师小心翼翼地取出来，悄悄拿给我看的。因此，我们不难理解老师对这些写生是多么珍视。这些速写对老师来说意义究竟有多么重大。

作为建筑师，吉阪老师有很多卓越经典的作品集。就在四年前，名为《DISCONT[1]》的一个大部头作品集出版了。就是不连续统一体理论 Discontinuous 的 "DISCONT"。此外，吉阪老师的论文，在我们展示会场中也摆放了 17 卷全集，这其中还不包括两卷未发表的论文集。如果把这些称作 "公开的艺术表达"，那么这些写生是不是应该叫作 "非公开的艺术表达"。老师本人没有打算将它们公之于众。在老师身故后，如果我们将这些写生大量却毫无连贯性地制成出版物、印刷品，那么结局恐怕会很糟糕。如今能够得见吉阪老师如此众多的写生作品，仿佛有种吉阪隆正老师以往不为人知的一面跃然眼前的感觉。正因为如此，我们才越发想要以一个清晰的脉络、连贯而统一的视角去展示老师的这些作品。

老师去世后，我偶然间发现了这些数量惊人的写生作品。这些写生就这么简简单单地收在抽屉里。尤其是巴黎速写这些全都压在抽屉最底下，已经有些发霉了。当我看到它们的时候，简直无法抑制心中的狂喜，仿佛挖掘出了沉睡已久的宝藏一般。

---

1. DISCONT 指的是不连续统一体理论（Discontinuous Unity）。该理论最初是作为建筑和城市造型理论、设计方法理论被构思出来的，但现在被视作包含了为广泛考察个体与社会、文明与文化的新范例进行提案的一种理论。

写生与观察

我认为应把吉阪老师的写生定位成"非公开的艺术表达"。在吉阪老师的写生展目录中，有我写的一篇解说性文章。专门来谈老师写生作品的特点，是一篇概括性较强的文章，各位不妨一读。下面我就其中的重点再作以说明。

首先一个问题就是吉阪老师为什么不停地画了那么多写生图呢？这个原因恐怕只能问他本人了。据我推测，应该是吉阪老师将绘画与观察事物合二为一了。也就是用画画的形式去观察研究对象。这大概就是我们所说的"行为的双重性"吧。首先不只是简单地用眼睛看，而是要有意识地去观察。然后在绘画中观察，边画边观察。这与单纯去看是完全不同的概念。先观察，然后用画笔记录下来，这二者是一体的。在我看来，吉阪老师通过观察来认知研究对象的，然后从中有所发现，或者从中获得提案的灵感，也就是说观察是创作这个过程中最开始的部分。因此，我们要把写生定位在创作流程的最开始。吉阪老师从开始观察的那一瞬间，就已经开始在动笔描画了，真是件很了不起的事。当突然有所发现并继续观察时，就是再次拿起画笔的开始。

这里要涉及一个词叫"二重性"。所谓"二重性"就是指观察和写生的二重性。吉阪老师在晚年时将"形姿"的含义（将"形姿"理解成"形式"和"姿态"）
进行反复强调。如果不重视"形"与"姿"，不清楚
它们的价值的话，是无法进行创作的。吉阪老师为了
重新探究"形姿"的意义，创造了一门新的学问——
有形学[1]。老师说，所有的事物都具有其"形态"。
他强烈要求我们一定要建立起对"形态"的敏感，重
建对"形态"的认识。因为"形态"拥有无限的潜能。
我认为的确是只有开好了观察和写生的头儿，才算是
摸到了这门学问的大门。

　　接下来我们来谈一谈介于观察与绘画之间的一
种行为力。也可以说成"行动性"或"身体性"。
也就是说，我们作为行为主体，去进行观察和描绘时，
是在主动发起行动。我认为这种行动与旅行有着莫
大的关联。旅行本身还带有另一重"观察并描绘"
的构造。因此就不难理解，为什么越是旅行的时候，
越是要不停地去画。但是写生终究只是个开端。比
如我并不是为了要设计什么才进行写生，这个写生
与设计之间并不是直接相连的。写生位于更原初的
状态，想要一口气去捕捉的样态，或是一心想要去了
解、去观察，在这种情绪下画出的。如果不是因为这

---

1. 有形学（luke-logy），是一门为了重新确认形态的意义、发现形态以及
　形态的可能性的学问。虽然没有写成论文发表，但是 1980 年春天，在
　广播大学的 15 次连续讲座《生活和形态：有形学》中，吉阪老师对这
　一学问的基本框架和构思进行了讲解。

样的信念，似乎就无法解释吉阪老师为什么要一直坚持画下去了。

没有被选中的风景

还有一个问题就是，吉阪老师选择入画的对象有哪些？大家进入会场就会看到，在如此众多的写生中，风景画是占多数的。其实还有很多很多没能展出的写生作品，从人像到小物件，可以说一应俱全。看上去吉阪老师是无所不画的，但实际上也并非如此。当我们去思考吉阪老师都画过哪些东西的时候，应该首先思考他没画过什么。吉阪老师究竟没画哪些内容呢？是他一开始就没打算画，还是绘画中途忍痛放弃的呢？这些虽不得而知，但还是能够发现几点规律的。

第一点，名胜古迹自始至终不曾入画。虽然有一张富士山的写生，却不是描绘富士山的秀美山形的。吉阪老师只对连绵起伏的群山情有独钟，几乎不画独立的山峰。老师喜爱寻访名胜古迹，却从不将他们当成作画的对象。有名的景点、观光胜地一律不画。

第二点，不画垂直之物。当然在画折页画册时，水平性的物体更易于描画，而垂直性的物体较为难画。那些垂直的高大物体，尤其是人工建筑，比如东京市中心的高层建筑、摩天大楼、玻璃建筑，老师从来不画，总是有意避开。

第三点，不画现代建筑。在现代建筑中，吉阪老师画过路易斯·卡恩的埃克塞特图书馆的侧面像。有时也画一画柯布西耶的建筑作品，但只选取建筑的一部分来画，从不画建筑整体。吉阪老师多次前往印度昌迪加尔，但是却没有仔细画过昌迪加尔，只画过群山脚下一个模糊的远景。由此可见，老师是不以现代建筑为描画对象的。除此之外，吉阪老师也不爱画大都市。几乎没有东京的写生，自然也不画大阪、京都、札幌、福冈。连伦敦、纽约也不例外。大都市里充斥着美到极致的人造物体，可老师似乎从一开始就决定了不画它们。

这样想来，这些东西都不应该成为描绘的对象，因为那些都是人为创造出来的。人造物不能成为描画的对象。在我看来，吉阪老师要画的是那些可能会与设计产生关联的最原始的东西。这就是我想向大家解释的。

两种画法的精妙之处

接下来我们讲讲吉阪老师是如何去画的。大家在看过展览后会发现有两种画法。一种是早期在巴黎时画在 A4 速写本上的，另一种是集印帖，也就是画在折页画册上的。我也时常在想：吉阪老师为什么选择在折页册上作画？是不是在鸠居堂这样的老字号里买的？根据旅行的需要，有时会选择纵向稍长或稍短的折页画册。通常在 2.5 米，最长的可达 3.5 米。正因为在两种不同类型的画册上作画,所以画法必有不同。

使用速写本画,是只限于在巴黎那段时期。令人惊讶的是,几乎刚到巴黎的同时,就确定了用速写本来画,这个速写本画法在两年中都没有变过。所以我推测巴黎时期的写生都是有主题的,速写的每页都精确锁定一个对象,将想要观察的内容直接截取下来进行描绘。这是巴黎时期的特点。但他画的都不是巴黎全景。从头到尾都是一张一个独立画面。就好像切分成一块块马赛克一样。吉阪老师采用了一种将一个个片段逐一相连的画法。那时所画的内容都是房屋的排列或是街道的进深。

为了发挥视角的作用,于是特意"强调纵深"。我觉得这是观察街区时的一个要点。也就是说,在有限的场景中应该以"如何描绘纵深"为主题来组织画面。

另一种折页画册就与此不同了。横向打开后,一整册是一个连续的风景,长度能达到 3 米。短的是四折的,但是数量很少。大多是八折的、六折的,横向展开的。因此老师经常是一口气要画上横长 60 厘米到 1 米长的画。从左边起笔,不断画向右边。这也是画卷让人觉得不可思议的地方。要描绘某个场景时,据我观察,他都是从左边开始画起的。如果从右边开始翻看,就和下一个画面连不上了。所以从左边翻,一点点过渡到下一页。这一点我自己也没弄明白,这其中需要有高超的技术，是一种只有吉阪老师才会的"魔术"。绝不是无论画帖有多长，打开就能画的。应该是每两折分一份儿或每三折为一个单位，摊开在手上来画。吉阪老师的手很大，所以过渡到下一页时，可以很顺畅地接连着画下去。

画卷中体现的是场景的展开和连续性。当然也要注入时间感。因此，焦点不能只集中于一点之上，而是多焦点的。一个图样能将各个焦点连接起来，并不断向前推进。就这样，绘就出一幅奇妙的画卷。这是一幅全景立体画，并非只做了平面式的描绘，而是画出了纵深感。这是一种独特、有趣的画法，而且画中包含着一种连续的时间感。

仔细想来，这是旅行中最理想的一种画法了。因为旅行本身就是要在非常有限的时间里，连续不断地观看下去。吉阪老师选择的的确是一种很巧妙的画法。打个有趣的比方，巴黎时代的写生好比是"一局定输赢"的剧照，而画在折页画册上的写生，采用的则是连续性的、电影化的手法。能用这样的手法画完如此长的画卷的人真是凤毛麟角。有些年轻人受吉阪老师的影响，买了同样的画册进行尝试，但是都坚持不下去了。我也尝试了好几回，全都以失败告终，因为无法使画面连续下去。折页画册的最难之处在于，绘画中途不允许有任何失误，无法重新来过，不禁让人感叹这种画法中藏着的令人生畏的技巧。所以吉阪老师才采用了"照片"和"电影"两种绘画方式吧。

　　一方面，大家都认为老师的这种画法是受到了他父亲的影响。吉阪老师父亲的画册依然还保留着。他父亲名叫吉阪俊藏，曾任日本驻联合国代表，常年待在日内瓦。那一时期，吉阪老师也随父往来于国内外。据说折页画册的画法是中国代表团的人教给老师的父亲的。我曾有幸得观老师父亲的几本画册。笔墨着实精妙，画中流露着诗人的雅趣、优美的文人画风。吉阪老师能自如地将场景、景物串联起来，应该是受到了来自父亲的很大影响。此外，还有来自今井兼次[1]老师和今和次郎[2]老师的影响。巴黎时代的写生主要是受到了今井老师写生风格的影响。今井老师拥有堪比画家的精湛画技，在成为建筑家之前，首先已经是一个画家了。美术出版社还为今井老师出版过一套很厚的画集，足见他高超的绘画水平。我觉得吉阪老师在描画建筑和风景时，采用的素描方式是承袭了今井老师的画法。

---

1. 今井兼次（1895—1987），早稻田大学教授、建筑家、艺术家。将安东尼奥·高迪、鲁道夫·斯坦纳介绍给日本，并对他们的思想进行研究、评论之人。是写生的名家，致力于将艺术融入于建筑，创作了众多具有深刻精神内涵的作品。主要作品有早稻田大学旧图书馆、日本二十六圣人纪念圣堂、桃华乐堂等。主要著作有《欧洲素描》《旅途》《建筑与人文》等。
2. 今和次郎（1888—1973），早稻田大学著名教授、建筑家、文明评论家。在生活文化的广阔视域下论述建筑。他的《今·生活学》的主要思想为吉阪隆正老师所继承。今老师的"考现学"视角、"民居研究"的观点对我影响也很大。主要著作有《日本民居》《今和次郎集 全九卷》等。

　　而另一方面，吉阪老师还从今老师那里继承了彻底记录的习惯。不停地画下观察对象并做好记录。更准确地说，是记录在脑海中。这是今老师的真正本领。从大小物件、各种设计，再到各种原材料、结构，全部记录、分类，再做分析。这也是今老师做考现学研究的武器。作为今老师的得意门生，吉阪老师自然而然会受到今老师的影响。从吉阪老师的那些折页画册和一些小型速写本中，常常可以看到为建筑的细节之处绘制的一些分析性图案。有许多都酷似今老师的写生作品。由此我推断，吉阪老师写生画法的形成，既有来自于今井老师和今老师的影响，也有来自于对父亲绘画天赋的继承。在它们的共同作用下，形成了吉阪老师的写生画法。

为何要以巴黎和中国为中心？

　　吉阪老师的写生特点可以说不胜枚举。时间的关系，我们赶紧进入幻灯片讲解的环节吧。今天给各位展示的是，从展览会场选出的 40 张场景。而且只选择了"巴黎和中国"。首先解释一下选择这两个地方的理由。

　　进入展览会场，右侧墙壁的小橱窗里，随机展示的是一些日本写生。上层摆放的是山岳速写。"时间系列"就在这前后。这就是日本写生，属于国内篇。国内篇以哪个地方的写生居多呢？答案是日本的东北地区，关东以北。老师在早稻田时，曾提出"21世纪的日本列岛像[1]"的议案，曾建议应把首都迁至东北。所以那一时期，吉阪老师不辞辛劳地奔走于东北。故而那一时期的东北写生也就格外多。在那之后，东北地区实施了一系列规划，诸如"农村规划""仙台规划"等。或许是吉阪老师偏爱东北地区悠然的山区风景、闲适怡然的居住环境，所以在从北海道到冲绳全国各地众多的写生作品中，绝大部分还是关东以北地区的风景。

在左边墙上展示的是国外的风景。要问哪个地方的写生多，从时间上来讲，老师后期的作品主要还是亚洲、中东、近东、欧洲等地居多。印度、印度尼西亚、尼泊尔、阿富汗，总体来看亚洲占了一半。其次是欧洲。再接下来就是吉阪老师去世前一年左右，在哈佛大学所在的波士顿待了很长时间，以波士顿为中心的写生大多是长幅作品。

那么缺少哪个地方的写生呢？缺的是非洲和中南美洲。吉阪老师如此喜爱非洲，曾深入非洲各地去探险，可是我们却没有找到非洲的写生。吉阪老师曾花费几个月的时间横穿赤道，按理说肯定画了关于非洲

---

1. 这是以吉阪隆正、户沼幸市两位老师为中心，早稻田大学"21世纪的日本"研究会向国家提出的国土规划构想。包括"新首都北上京计划""青函圈计划"等一系列规划在内。该提案旨在唤起国家对日本海沿岸以及日本东北地区的重视。多使用以日本海为背景的地图。

的作品，可就是无处可寻。非洲这里确实漏掉了很多，然后是包含南美、中美洲在内的拉丁美洲，尤其是在阿根廷。吉阪老师在阿根廷待了两年时间，不可能没有相关的写生作品，但是几乎没有找到什么。我也想尽了一切办法进行寻找，可就是一无所获，所以最后看来只有亚洲写生是最多的。

　　展示在会场中央的就是"巴黎和中国"。1950年到1952年的两年时间，吉阪老师一直在柯布西耶的工作室工作。两年中一直以巴黎为据点，并且游历了欧洲。可以想见吉阪老师当时在柯布西耶近旁工作，还是要经常外出写生的，作品当然主要以巴黎为中心。这是吉阪老师作为建筑师的起步阶段。当时吉阪老师是33岁，而柯布西耶是63岁，年龄正好相差30岁。可以说，吉阪老师遇到的是爷爷年纪的柯布西耶，而同样师从于柯布西耶的前川国男老师，遇到的是中年时期的柯布西耶。那时的柯布西耶正值壮年，意气风发，颇有棱角。而到了吉阪老师跟随他的时候，柯布西耶已经变得相当柔软平和了，他很疼爱吉阪老师。经过在柯布西耶工作室的学习锻炼，吉阪老师满载着知识回到了日本，开始了在日本的设计活动。吉阪老师自己的家就是他回日本后转年设计的，这应该算是他作为建筑师的开端。巴黎时期的写生正是他即将开启建筑师生涯的作品。因此才把他这一时期的作品放在会场的正中央。

　　紧接着，在会场中央的最深处摆放的是一组中国写生。中国对于吉阪老师来说意义重大。说成是终点站也不为过。吉阪老师曾任日本建筑学会会长一职。在担任这一职务的最后一年，日中两国恢复了邦交。就在那一年，他组建了日中建筑技术交流会并担任会长。那是 1974 年。从那时起直到他去世，他每一年都会带领团队前往中国。我曾参加过第二次访中团，正好是毛泽东去世的那一年。第一次允许我们从北京到桂林在中国大陆南北之间游览。我还清晰地记得，旅行全程吉阪老师都非常兴奋。就这样，老师每年都前往中国进行写生。

　　我们再回过头来谈谈展览的布置。走进去首先会看到一个像屏风似的三角形墙壁。大家还记得在墙壁后面有一本与众不同的折叠画册吧。那本就是老师要出版的折叠画册的原本。在这里跟大家说说吉阪老师的心里话。他把与中国的重逢看作"重归故里"，还说自己这只"干燥的蛞蝓"[1] "终于找到了故乡"。他将中国视作自己的故乡。

---

1. 干燥的蛞蝓，被设定成吉阪老师的分身。它的形象经常出现于吉阪老师发表在建筑杂志的论文中。借蛞蝓之口提出尖锐的批评和意见。

　　它有 5 条腿，每条腿都被赋予一个含义。从最前面的一条腿开始，依次代表政治、军事、经济、意识形态，最后一条腿代表相互信任。(http://kamedesign.net/yoshizaka/kansounamekuji/)

　　自从吉阪老师 20 世纪 70 年代到访中国以后，就开始表达"中国是自己的故乡"。《干燥的蛞蝓》一书于吉阪老师去世后出版。

正是由于上述的原因，才以"最初的巴黎，最后的中国"为一条主线进行布展。另外，巴黎和中国写生保存得很好，也是一个原因。当然还有一些已经佚失不见的作品。虽然巴黎写生较为凌乱，但好在都写有日期，然后就是中国写生。老师总共去了五次，中国目前只有两本画册下落不明。现有的画册是 20 本左右，因此我们想着将这些东西整理归纳，供大家参观。将展览的主线与"从吉阪老师的事业起步点到去世前"这一时间轴相重合，进行布展。

下面我将从"巴黎与中国"的速写中选出的 40 张幻灯片放映给大家看。

解说：以巴黎和中国写生为中心

巴黎 1950—1952

写生 1／写生 2

吉阪老师最早的两张写生作品是从 1950 年的巴黎开始的。同时展示这两张写生的原因是想告诉大家，老师在巴黎时代的写生风格是从一开始就定下来的，他决定用 A4 的速写画本来画。请大家看一下这张写生的日期是 1950 年 9 月 27 日。吉阪老师是 9 月 23 日到的马赛，抵达马赛的一周之内，他确定了自己这之后两年一直使用的写生形式。左边一张是从巴黎大学的日本学生公寓观察到的风景。吉阪老师在这个地方住了两年，这是他一住进去就立刻着手画下的屋外风景。从窗户可以看到对面由勒·柯布西耶设计的瑞士学生公寓的背面（带休息室的一侧）。瑞士学生公寓是柯布西耶的中期作品中非常重要的一个。面对着眼前这幢建筑，吉阪老师就在这里扎下营寨开始了巴黎写生。他并没有将柯布西耶设计的楼看作建筑，而是作为风景来描绘。他一直想用水彩来画，刚到巴黎的时候，好几次都尝试着在铅笔稿上施淡彩的方式。右边这张写生是老师来巴黎一周后画的。这个时候他已经完全确定了观察巴黎的视角。

写生 3/ 写生 4

那么，吉阪老师观察的视角是什么呢？答案是住宅。也就是去描画人们生活的场所。要从住宅的正面去观察，特别是集体住宅、公寓、巴黎的生活空间本

身。因为他想做城市规划研究，所以才去到巴黎。还
因为他想实践一下今和次郎先生教他的生活学，所以
才将观察视角确定为住宅。他很仔细地画下巴黎高密
度的住宅样貌和构成这座城市的大部分房屋的样式。
这是两张已经完全确定了焦点和画法的写生作品。

写生 5/ 写生 6

高密度公寓的低楼层部分，尤其是建筑的底部，
是吉阪老师特别执着追逐的部分。当然，他会将房子
的各个部分都准确地记录下来。一个个窗户、一面面
墙壁的材质、屋顶的形状……这些细节他都会反复确
认好后才画。可以说，他的巴黎写生特点之一就是对
细节的描摹。

写生 7/ 写生 8

　　下面我们逐渐把视野放宽一些，来看看以街区、房屋排列和道路为主题的写生。通过这些来理解一个古老的巴黎。虽然巴黎市中心没有什么新建筑，可即使如此，不是还有埃菲尔铁塔、凯旋门吗？不是还有奥古斯特·贝瑞建造的著名建筑吗？如果有心寻找的话，还有好多现代建筑。不过吉阪老师只画古代巴黎的风景，这些都不在他的"理睬"范围之内。从头到尾只去追逐巴黎的纵深，于是写生主题就变成了道路、房屋排列、街区的风景了。

写生 9/ 写生 10

巴黎是个多起伏多坡道的城市。吉阪老师会选择画弯曲的街道，而不是平直地延伸下去的道路。此外，他喜欢瞄着那些与笔直大路相交织的蜿蜒小路。我回想起在上大学时，吉阪老师的课上关于这类的内容还是很多的。城市的地形与住宅的关系、地理与市民生活的关联……授课内容大多是从这些视角展开的。而这些写生如实地反映出了这些观察视角。如右边这张反映了上下起伏的道路。稍微爬坡又立刻下坡了。而左边这张给人一种感觉，似乎能预知位于前路上的住宅风景。能把沿着左边一直下行的道路画得这么好，足见老师的描摹功力之深。

写生 11/ 写生 12

在描绘纵深这方面，这两张写生我认为是名家级的作品了。有一位画家薮野健先生，他过来看了好几次展览，说这绝对是一般画家画不出来的写生。其中一处就是对纵深的表现。能够对"次元"进行这样好的把握是绝大多数画家做不到的。他还说，这种画法正是吉阪先生的独到之处。为了能让观者看懂画中的风景就要对纵深进行精准透彻的描画。正如这条运河的线条是无法用语言来表达的。

写生 13/ 写生 14

请大家看下面的两张幻灯片，稍事放松一下。这是吉阪老师在勒·柯布西耶的事务所工作时所画的写生。老师在柯布西耶的工作室都做些什么工作呢？左边的幻灯片就是吉阪老师在刚一入所工作，便被分配了地中海马丁岬的"洛克"和"罗伯"计划案。这份方案其实已经在进行之中了，中途又委派给了吉阪老师。立面图的右下角署名有"TAKA"几个字。勒·柯布西耶的图纸中允许写入弟子的名字也是从这个时候才开始的。于是，便留下了这幅带有吉阪老师名字

"TAKA"的立面图。这是一个做度假别墅的计划案。总之是以类似于日本榻榻米尺寸（226厘米）的这种基准尺寸，仅用单一的建材来做成整个建筑的一个设计课题。右边幻灯片是马赛公寓的写生。1951年马赛公寓已进入最后的完成阶段，交由几个人轮流来做现场监督。1951年9月13日，这就是当时现场的写生。吉阪老师从巴黎到马赛的往返途中也曾到各处观览，画下了一幅幅写生。这正是在柯布西耶手下参与的真正的工作。

照片 15/ 写生 16

接下来的几张幻灯片是巴黎写生和现在当地的照片。去年毕业论文研讨组的河崎猛士君说想要去找寻吉阪老师画写生的现场，于是去巴黎待了一个夏天，拍摄了很多照片。让人着实吃惊的是，吉阪老师当年画的写生风景，现在还保留在那里。如果说这样的风景容易存留下来，那么也确实如此吧。可这毕竟是

50 年前的风景啊！所以还是让人颇为惊异的。这大概就是老师选择了巴黎进行写生的原因吧。因为它不轻易变化。

照片 17／写生 18

这是有高度差的台阶。蒙马特丘陵的西侧就是被这样的集体住宅包围着。房屋依地势的高低起伏而建，使集体住宅楼和道路形成了一体。整个街道的结构，都还保留着原先的样子，确实让人感到吃惊。

照片 19/ 写生 20

时隔这么多年，连栏杆、扶手都没有改变。就算扶手还没那么老旧，但毕竟已经过去了 50 年啊！我觉得这是非常惊人的。而更令人感到惊叹的是，吉阪老师选择的写生场所，都还依然保留着旧貌。这张写生描绘了一条弯弯曲曲伸向远方的小路，以此来表现城市的纵深。

照片 21/ 写生 22

这张写生画的是巴黎圣母院。从夹缝间可见的就是圣母院的墙壁。巴黎圣母院也只能用这种形式来画。如果我们去画，一般人都是从正前方来画，仿佛只有通过从正面画才能真正感到是亲身到了巴黎了。只能说这种想法有些浅薄了。而吉阪老师不会选择从正面去画巴黎圣母院，他没画埃菲尔铁塔、凯旋门，当然也不画香榭丽舍。所以我的想法是，我们就应该以这样的形式来观察和捕捉巴黎的大街。

中国 1974—1979

写生 23／写生 24

　　从这里开始就是中国写生了。在这些作品中，少有描绘整个城市的。尤其是没有画新建的笔直大道。这个时代，20 世纪 70 年代的北京和现在不同，还保持着它的古风旧貌。所以老师就很罕见地画了一张城市整体图。绘画地点就在北京饭店，可以远眺故宫和天安门前广场。想必老师当时是从饭店的窗户往下望去，慢慢地画下了水平展开的城区景象。

写生 25/ 写生 26

　　吉阪老师很少画城市整体，主要画城市的周边和城市边缘地带。在巴黎也是如此，不画市中心而选择城市边缘部分。他对中国的城市与自然相连接的部分尤为感兴趣，所以必然将目光投向那里。有时会让自然风景满满占据整个画面，然后再在某一处添画些生活的气息。他的目的是去观察城市生活中仍保留着的古老部分。

写生 27/ 写生 28

　　在中国的那些日子，老师每天悠然挥动画笔，画出了很多长条横幅画。眼前的这张幻灯片是缩短截取的一部分，所以不是很能表现出那种感觉。画中是上海中心城区黄浦江的风景，从中仿佛能听见街上人群的响动。他刻意选择描画街道的边缘——河面的宽阔之态。

写生 29／写生 30

这两张是吉阪老师从桂林乘船沿漓江而下，行至阳朔，记录了漓江岸边小村庄的景致。缓缓流淌的漓江水和宛若山水画中的静谧村庄。这次行船之旅竟让吉阪老师不知不觉画满了两本折页画册。

写生 31／写生 32

"街道和房屋的关系"这一主题也时常出现在老师的写生中。但是和画巴黎时着重描绘"纵深"的画法不同，采用了表现"时间感"的画法。看上去仿佛时光在流逝一样。刚刚我们对所谓"照片"和"电影"的不同画法进行了比较。它们各自有着不同的表现方式。在观察的时候，要连续不断地挪动自己和观察对象的位置关系。换句话说，你观察的对象就好像是城市的空气一样，是在不停流动的。

写生 33/ 写生 34

这两张要表现街边的热闹场景。总之，要将目光投向人们的生活以及生活的场所。在那里你一定能有所发现。当你的视线不断地去追逐生活的场景时，也自然而然会生成一幅幅写生作品。因此，在中国写生时，吉阪老师更乐于去捕捉制造出城市热闹场景的那种非常亲热的气氛。简而言之，中国写生的特点是去捕捉气氛，要抓住那种多彩的气氛。

写生 35/ 写生 36

这是离上海市浦东很近的繁华街道的里弄。像这样表现连续场景的写生，在画展上很多见。在画每户房子排列的时候，通常将重点就放在每幢房子的大门前。街道上洋溢着的浓郁生活气息扑面而来。

吉阪老师的大学毕业论文就是关于中国民居的研究。1930 年，他写出了题目为《中国北部满蒙民居的地理学考察》的论文，考察的范围是从北京到中国北部和蒙古一带。但是这个研究是讲住宅和地理之间的关系的。他写这篇毕业论文是在 22 岁、23 岁的时候，值得注意的是，这篇论文的写成比和辻哲郎的《风土》还要早。而且吉阪老师参军后的部队生活是在中国，结婚也是在中国。在吉阪老师的人生中，中国是具有特殊意义的地方，所以中国的民居类型和样式深深地刻入了他的头脑之中。

写生 37/ 写生 38

　　这两张画的是人民公社的内部。人民公社是中方无论如何都希望吉阪老师去参观一下的地方。他们为老师做了很长时间的讲解，于是老师也有了足够的时间记录下它的样子。当然，他对人民公社这个全新的生活空间也挺有兴趣。

　　好，下面来看最后一张。讲演最开始时，我曾经说吉阪写生是一种隐藏起来的非公开的艺术表达。它存在于对一个对象进行观察的过程之中，是创作的开始。正因为如此，我们想要客观地来看老师的写生或者只从外部解析式地看这些写生，并从中读取出含义，还是很有难度的。但是老师留下的写生，我们也只能带着自由的观点去注视和分析。连同写生中隐藏起来的表达一起，去探寻吉阪老师的伟大人格。为了将这些传达给更多年轻人，我认为今后有必要在提炼各种观点和视角上下功夫。

写生 39／写生 40

1976 年，吉阪老师在北京颐和园写生的照片（参见 252 页海报）是由我拍摄的。这次我们把这张照片当作吉阪老师的签名用在了展览的海报上。当时老师拿出笔开始画，同行的人们也都不得不开始画。因此，大家向着同一个方向作画的样子形成了一个非常奇妙的场景。画的对象是什么呢？正是饱含着水气的中国空气。按照吉阪流派的说法，"干燥的蛞蝓"来到了这个地方，得到了水的滋润。的确是由于和中国的相遇，吉阪老师和他的画都仿佛得到了滋润。于是，我拍下了他兴高采烈进行写生时的侧脸照。

后　记

　　我还记得参观德尔菲遗址时的情景。在远离山上神殿群的山谷一侧，建有蜂巢墓（tholos）。为什么要在远离神殿的位置建墓呢？在探寻神殿分布的关系、斜坡与建筑的关系之前，这个疑问始终在我脑海中盘旋。从蜂巢墓是不是可以看得到大海呢？带着这样的直觉，我终于有所发现。

　　站在神殿处，虽然视野开阔，但是山峰层峦叠嶂，遮挡住了视线，是看不到大海的。然而从蜂巢墓这里能看到从起伏的群山缝隙间透出的唯一一点蓝色大海的水平线。"从德尔菲一定要能看到大海。因此把大海凝于一点，在那一点上，选择了建起蜂巢墓的造型。"这就是我的分析。

　　有时，我的旅行、遗址调查就是从这种"视角游戏"开始的。也有这层原因，所以我才把自己称为"猎人"。也正因为如此，那些记录下来的文章，各种各样的文脉混杂在一起，显得十分混乱。事实上在整理此书的过程中，我也几度犹豫着这种形式是否得当。每当这时我就会想，与这些风景的邂逅和这些观察记录并不会过时，那种视线的交错恰恰是我想向大家传递的。我就是这样不断说服自己去打消顾虑的。

　　再者，由于文章往往与原始文稿存在时间差，所以有很多地方不得不做出改动。和野口勇先生的对谈也是如此。由于先生独特的讲述方式，加之不允许修改讲话内容的缘故，我对自己的发言部分做了大胆的调整。此外对很多的章节标题和小标题也做了改动。在尽量保持文意不变的前提下，对文章内容也进行了修改。文章并不是按照时间进行排序，而是分为了五章，尽可能想要在厘清观察视角上下功夫。我还是非常希望能将文章编排过程中的这些"良苦用心"传递给各位读者。

　　最后在本书编辑完成之际，首先要向慨然应允我使用原始文稿的出版社以及各位编辑们致以衷心的感谢。其次要向协助我进行散佚文稿整理的研究室的青山修也君道一声辛苦。最后要向我尊敬的编辑土松三名夫先生致以最诚挚的谢意。他严格的要求以及不失温暖的鼓励，令我感怀至今。

著者写于晚霞掩映下新宿大楼近旁

可远眺富士山的十楼研究室

二〇〇六年一月吉日

原始文献一览

I 风景猎人

风景猎人

- 《风景猎人》，新建筑，1987 年 4 月号．

II 实测小论

实测小论：测量空间关系

- 《实测小论：与环境空间在不限定领域的邂逅》，都市住宅，1969 年 1 月号．

远近视角

- 《墨西哥写生》，丸善，1982．

面具圣所：玛雅遗址科潘

- 《不为人知的遗迹 5　科潘：旧玛雅文明的宗教与科学之城》，水绘，1961 年 7 月号．

王宫发掘

- 《玛尔卡塔王宫调查：加入早稻田大学古埃及科考队》，研究与成果 4，早稻田大学专门学校，1987．

玛尔卡塔王宫城市的图像学方位概念

- 《王宫城市的布局考察》，玛尔卡塔王宫研究，早稻田大学古埃及建筑调查队编，中央公论出版社，1993．

III 街景的连续性

建筑排列的顺序

- 《世界城市景观：从古代城市景观中可以学到什么》，

钢铁设计，1979 年 9 月号（新日本制铁）.

墙面大发现

- 《墙壁大发现》，Column 81，1981 年 7 月（新日本制铁）.

街巷的构造

- 《街巷的构造：从街道看住宅，从街道看城市》，Column 90，1983 年 10 月（新日本制铁）.

街角的舞台

- 《旅行的书信》，新建筑，1984 年 5 月号 ～8 月号.

地中海的来信

- 《图绘与书写 风景遍览》，日刊建设工业报，1998 年 3 月 25 日、5 月 13 日、6 月 24 日、8 月 5 日、9 月 30 日、11 月 11 日、1999 年 1 月 13 日、2 月 24 日.

Ⅳ 风景马赛克

来自安达卢西亚

- 《风景的马赛克：围绕西班牙建筑的原型》，收录于《西班牙的乡村》，增田正著，集英社，1992.

行走于安第斯

- 《探寻建筑的源流 6：从水上房屋和土坯房的对比看住房的原型》，CLASS LIFE，1979 年 1 月号，旭硝子
- 《探寻建筑的源流 7：追寻印加石壁》CLASS LIFE，1979 年 4 月号，旭硝子.

尼罗三景

- 《尼罗河三景》，核心东京，1999 年 4 月号 ～6 月号，东京建筑师事务所协会.

杰尔巴：突尼斯的小岛

- 《建筑师的旅行 17：杰尔巴岛》，Lifescape 17，冈村制造厂.

中国：观宏大风景有感

- 《中国三题》，日中建筑，日中建筑技术交流会，1976.

被隐藏的巴黎：闪耀于都市背后的光芒

- 《生活造就的城市与景观：闪耀于都市背后的光芒》，
  地域开发 news，第 253 号，1997 年 3 月（东京电力）

意大利，由北向南：广场、回廊、塔楼、屋顶

- 《广场·回廊·塔楼·屋顶：支撑住宅的原初风景》，
  收录于《意大利的乡村》，增田正著，集英社，1997.

V　与大师的对话

场所的记忆《演讲＝吉阪隆正全写生的世界》

- 《吉阪写生的世界：吉阪隆正全写生展纪念演讲》，
  AARR 02，早稻田大学艺术学校，2003.

作者简介

铃木恂（Makoto Suzuki）

1935 年生于北海道。1959 年毕业于早稻田大学。1962 年早稻田大学硕士课程结业。师从于吉阪隆正教授。1964 年设立铃木恂建筑研究所。1987 年起任早稻田大学教授。其间，历任早稻田大学艺术学校校长等职。现在仍作为建筑师从事各项活动。

主要建筑作品："住宅 JOH"等住宅建筑，如"GAGallery""云洞庵佛舍利塔""STUDIOEBIS""三春市中乡学校""早稻田理工学综合研究中心""都几川市村文化体育中心""早稻田大学高科技研究中心""集体住宅 LIF"，等等。

主要著作：《木结构民房》（合著 /A.D.A.EDITATokyo/1978）、《墨西哥写生》（丸善 /1982）、《住宅的构思》（都市住宅特辑 /1984）、《Space：Drawings 铃木恂》（同朋舍出版 /1984）、《空间构思能力》（住宅建筑增刊 /1987）、《光之大道》（丸善 /1989）、《铃木恂·住宅论》（鹿岛出版会 /2000）、《回 KAIRO 廊》（中央公论美术出版 /2004）等。

译者简介

郭 葳

天津商业大学讲师，硕士。研究方向日语语言文学。2010 年获天津市第十届高校青年教师教学基本功竞赛日语组一等奖；2010 年被评为天津商业大学三八红旗手；多次获天津商业大学教学质量奖。主要承担课程有《基础日语》等。

LUXOR
Necropolis of Thebes

CAIRO
MARRIOTT
95
2/25